Business-Knigge

Die 100 wichtigsten Benimmregeln

Anke Quittschau und Christina Tabernig

Haufe

Inhalt

Der erste Eindruck, Begrüßung und Anrede 5

- Der erste Eindruck zählt 6
- Angemessen begrüßen 9
- Sich und andere vorstellen 15
- Die richtige Anrede 19

Business-Dresscode 27

- Von Düften und Farben 28
- Kleidung zwischen Trend und Stil 33
- Flecken und andere Missgeschicke 54

Umgangformen im Geschäftsleben 57

- Wie der Körper spricht 58
- Das richtige Verhalten bei Begegnungen 62
- Ungeschriebene Gesetze am Arbeitsplatz 69
- Im Job unterwegs 73

Kommunikation mit Geschäftspartnern 81

- Small Talk – wichtiger als viele glauben 82
- Am Telefon höflich und souverän 93
- Schriftliche Korrespondenz – stilvoll und zeitgemäß 104
- Online – auch hier ist Stil gefragt 128

Das Business-Parkett 139

- Meetings 140
- Auf Messen 150

Geschäftspartner zu festlichen Anlässen einladen 155

- Die Einladung 156
- Das Geschäftsessen vorbereiten 165
- Der Ablauf eines Restaurantbesuchs 170

Esskultur und Tischsitten 189

- Gedeck, Besteck & Co. 190
- Die Speisen 202
- Richtiges Verhalten bei Tisch 213

- Glossar 222
- Literaturverzeichnis 251
- Stichwortverzeichnis 252

Vorwort

Nicht mehr nur fachliche Qualifikationen sind der Schlüssel zur Karriere, sondern vor allem die so genannten Soft Skills: Im Beruf gilt es, eine Beziehung zum Kunden aufzubauen, Teamfähigkeit zu beweisen und das Image des Unternehmens als Mitarbeiter positiv zu repräsentieren. Auch in Bewerbungsgesprächen ist die Persönlichkeit das wichtigste Einstellungskriterium – und nicht die Examensnoten.

Mit diesem TaschenGuide möchten wir Sie in Ihrer Persönlichkeits- und Wertefindung unterstützen: Denn mit Knigge ist nicht nur eine Anweisung für den Gebrauch der Hummerzange gemeint, sondern vor allem der tägliche Umgang miteinander. Dass schon Kleinigkeiten wie Grüßen, Türen aufzuhalten oder Bitte und Danke zu sagen den Alltag freundlicher gestalten, wissen wir alle. Wir geben Ihnen alle Spielregeln für die stilsichere Bewältigung Ihres Berufsalltags an die Hand – von der richtigen Anrede und Kleidung über das Verhalten in Gesprächen und Meetings bis hin zum vollendeten Geschäftsessen. Das größte Geheimnis bei all unseren Tipps heißt Respekt, denn respektvoller Umgang mit Menschen ist die erste Voraussetzung guten Stils.

Wer die Benimmregeln beherrscht, profitiert im Geschäftsleben enorm. Er bewegt sich kompetent und sicher auf dem Business-Parkett und pflegt auch bei Tisch die gehobene Esskultur. Mit Höflichkeit und Respekt meistern Sie selbst heikle Situationen. Wir wünschen Ihnen viel Erfolg!

Anke Quittschau und Christina Tabernig

Der erste Eindruck, Begrüßung und Anrede

Wer kennt ihn nicht, den Spruch: „Es gibt keine zweite Chance für einen guten ersten Eindruck". Tatsächlich kann der erste Eindruck ausschlaggebend für weitere Verhandlungen sein. In diesem Kapitel lesen Sie

- welche Signale den berühmten ersten Eindruck prägen (S. 7) und
- wie Sie durch richtiges Verhalten bei Begrüßung (S. 9), Vorstellung (S. 15) und Anrede (S. 19) punkten.

Der erste Eindruck zählt

Beispiel

Der Inhaber eines Handwerksbetriebes betrat im Blaumann bekleidet ein exklusives Autohaus. Er wurde von der Informationsmitarbeiterin kritisch gemustert und der Kollege vom Verkauf war auch nicht viel freundlicher. Schade nur, dass nicht auf seiner Stirn stand, wie vermögend und kaufbereit der Kunde war. Er suchte sich nach der schlechten Betreuung ein anderes Geschäft aus, um seinen Traumwagen zu kaufen. Der erste Eindruck ist eben zum Großteil visuell geprägt.

Eine Studie in den USA hat im Jahr 2005 unter dem Decknamen „Speed-Dating" herausgefunden, dass der erste Eindruck bei Menschen, die sich zum ersten Mal begegnen, im Durchschnitt schon nach drei Sekunden erfolgt. Fremde Männer und Frauen wurden an einem Tisch mit einem Signalgeber für drei Minuten gegenübergesetzt. Sie sollten sich nach dem Gespräch entscheiden, ob Sie mit der Person ein zweites Mal sprechen wollten, um sie näher kennen zu lernen. Im Durchschnitt wurde der Signalknopf bereits nach drei Sekunden gedrückt.

Diese Vorgänge werden durch das limbische System gesteuert, unser so genanntes Reptilienhirn. Schon die Urmenschen mussten schnell einschätzen, ob derjenige, der ihnen entgegenkam, Freund oder Feind war. Damals wie heute gilt die Regel: Je ähnlicher uns jemand ist, desto weniger Unsicherheiten empfinden wir dieser Person gegenüber. Wir sind also nichts anderes als Neandertaler in Nadelstreifen-Anzügen. Wir ziehen uns bewusst ähnliche Kleidung an. Denn je mehr äußere Merkmale übereinstimmen, desto größer die Sympathie des Gegenübers. Passen wir uns also unserem Gegenüber an, erhöht sich die Chance, dass wir schneller als Freund erkannt werden. Ob dieser erste Eindruck dann tatsächlich stimmt, erweist sich natürlich erst im nächsten Schritt.

Die Signale des ersten Eindrucks unterscheiden sich in zwei Kategorien: die bewussten und die unbewussten Signale. Und da fängt gleich die erste Schwierigkeit an. Die bewussten Signale kann nämlich nur der verändern, der seine eigenen Defizite kennt. Leider erhalten wir bei den Themen Umgangsformen und erster Eindruck nur selten ein ehrliches Feedback. Vielleicht geben uns Partner, Geschwister oder Eltern ab und zu einen Hinweis, aber im normalen Berufsleben kommt dies selten vor.

Die bewussten Signale

Zu den so genannten bewussten veränderbaren Signalen zählt, wie schon erwähnt, Ihre Erscheinung. Hierzu gehören Kleidung, Frisur, Farben und Accessoires. Des Weiteren ist Ihr ganzes Wesen ein Signal, das Sie natürlich auch beeinflussen können. Damit sind vor allem Ihre Mimik, Ihre Gesichtszüge aber auch Ihre Körperhaltung gemeint. Sind Sie ein fröhlicher Mensch oder eher zurückhaltend? Sollten Sie vielleicht mehr aus sich herausgehen oder sich lieber mal zurückhalten? All dies können Sie bewusst trainieren. Ein weiteres veränderbares Element des ersten Eindrucks ist die Sprache. Ihrem Gegenüber fällt die Art und Weise auf, wie Sie ihn grüßen und Ihren Namen nennen. Vorhandene Akzente oder Dialekte klingen an und man nimmt wahr, ob Sie eine laute oder leise, schnelle oder langsame Aussprache haben. Sprache und Stimme sind veränderbar und trainierbar, beispielsweise durch Rhetorikkurse oder Stimmbildungstrainings.

Dr. Albert Mehrabian, Professor an der UCLA (University of California, in Los Angeles), hat in einer Studie folgende Verteilung der Bestandteile des ersten Eindrucks zusammengefasst:

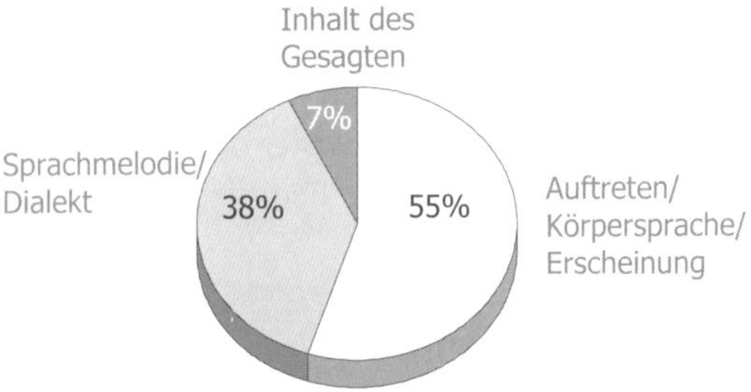

Die äußere Erscheinung spielt bei den bewussten Signalen eine extrem wichtige Rolle, sie ist nicht zu unterschätzen. Die Wortwahl und Melodie ist das nächste, was beim ersten Eindruck ins Gewicht fällt. Und am wenigsten beachten wir das, was jemand in den ersten Sekunden sagt.

Die unbewussten Signale

Neben Kleidung, Körpersprache und Stimme spielt auch der Duft eine unbewusste Rolle für den ersten Eindruck. „Den kann ich nicht riechen" – an dieser Redewendung ist viel Wahres. Hat unser Gesprächspartner zu viel und zu starkes Parfum aufgetragen oder verströmt er einen unangenehmen

Körpergeruch, so sind das negative Einrücke, die sich bei uns festsetzen. Die chemische Reaktion auf Parfums ist bei jedem Menschen unterschiedlich – egal, ob er größere oder geringere Mengen Duftwasser verwendet. Und am Ende des Tages kommt der körpereigene Geruch meist wieder zum Vorschein. Deshalb gehört der Duft zu den unbewussten Kriterien des ersten Eindrucks. Ihm haben wir uns im Kapitel Business Dresscode (ab Seite 28) ausführlich gewidmet.

Das letzte Element, das den ersten Eindruck prägt, ist die Haut. Wenn Sie vor Aufregung feuchte oder kalte Hände bekommen, ist das nur schwer beeinflussbar. Dieser Vorgang spielt sich unbewusst ab und ist kaum zu kontrollieren. Dennoch müssen Sie sich Ihrem Gegenüber nicht so ausliefern. Feuchte Hände können Sie vor dem Handschlag am Hosenbein „trocknen" und kalte Hände warm reiben. Oder bleiben diese Phänomene bei Ihnen aus? Umso besser! Dann können Sie Ihr Gegenüber unbefangen begrüßen.

> Regel Nr. 1:
> Bedenken Sie: Ihre gesamte Erscheinung prägt den ersten Eindruck, den Sie auf Ihr Gegenüber machen. Dazu zählen Kleidung, Körpersprache, Stimme, Duft und sogar die Beschaffenheit Ihrer Haut.

Angemessen begrüßen

Jeder Kontakt beginnt mit einer Begrüßung. Dies mag noch als leichteste Übung erscheinen. Doch gerade im Geschäftsleben lauern dabei einige Tücken. Hat man sich begrüßt und vorgestellt, stellt sich die Frage nach der korrekten Anrede.

Ein Beispiel: Herr Professor Schönberg hat sich eben nur mit „Angenehm, Schönberg!" vorgestellt, aber Sie sind sicher, dass er einen Adelstitel hat. Was passiert jetzt mit seinen akademischen Graden? Und wen stelle ich wem vor, wenn mein Vorgesetzter dazu kommt? Die Kenntnis einfacher Regeln gibt Ihnen die nötige Gelassenheit. Die Begrüßung besteht aus zwei Phasen: dem gesprochenen Gruß und dem gefühlten ersten Eindruck, dem Handschlag. Für beide Phasen gelten unterschiedliche Regeln, die wir Ihnen auf den folgenden Seiten vorstellen.

Wer grüßt zuerst?

Beispiel

Auf der Straße kommt Ihnen eine fremde Person entgegen. Kurz bevor Sie aneinander vorbeilaufen, schauen Sie sich an. Sie erkennen das Zucken in seinen Mundwinkeln und sind selber unschlüssig, ob Sie jetzt grüßen sollen oder nicht. Peinlich berührt schauen beide wieder auf den Gehsteig und gehen schweigend aneinander vorbei.

Soll ich unbekannte Menschen auf der Straße grüßen? In Großstädten kommen Sie eher selten in diese Verlegenheit. In kleineren Gemeinden oder beim Spaziergang in Gegenden, wo sich nur wenige Menschen aufhalten, ist dies durchaus angebracht und üblich. Der Gruß ist eine Respektserweisung dem anderen gegenüber.

Im Geschäftsleben gibt es klare Kategorien. Der Rangniedere grüßt den Ranghöheren zuerst. Besteht keine Hierarchie, sollte derjenige grüßen, der die andere Person zuerst gesehen hat. Ein „Mahlzeit" gehört übrigens nicht in diese Kategorie des Grüßens und sollte möglichst gar nicht erst über Ihre Lippen kommen. Betreten Sie einen Raum, grüßen Sie zuerst die dort Anwesenden. Hierbei ist nicht nur der Besprechungsraum oder das Büro gemeint. Auch wenn Sie privat unterwegs sind, grüßen Sie beim Eintreten die Anwesenden im Fahrstuhl, beim Bäcker, in der Sauna oder im Wartezimmer der Arztpraxis. Antworten Sie auf einen Gruß möglichst mit den gleichen Worten und spielen Sie nicht den Besserwisser, indem Sie um 12.00 Uhr auf ein „Guten Morgen" mit einem „Guten Tag" kontern. So ein Verhalten gleicht einer Zurechtweisung und macht nicht gerade sympathisch.

> Regel Nr. 2:
> Wer einen Raum betritt, grüßt zuerst – unabhängig von Rang oder Position. Begegnen Sie Ihrem Chef auf dem Flur, grüßt grundsätzlich der Rangniedere den Ranghöheren zuerst.

Der Händedruck

Wer reicht wem die Hand?

Beispiel

Sie sind zu einem Vorstellungsgespräch eingeladen und werden in das Büro Ihres zukünftigen Vorgesetzten geführt. Freundlich wie Sie sind, strecken Sie zur Begrüßung dem dort wartenden Ihre Hand entgegen. Ist das korrekt?

Nein, der Händedruck geht stets von der ranghöheren Person aus. Seien Sie also nicht zu freundlich, indem Sie Ihrem (zukünftigen) Vorgesetzten beim Betreten seines Büros Ihre Hand reichen. Warten Sie ab, wie der Ranghöhere entscheidet. Haben Sie aber Ihre Hand schon ausgestreckt, nehmen

Sie sie nicht mehr zurück. Eine gereichte Hand sollte immer erwidert werden. Alles andere wäre unhöflich.

Beispiel

Zwei männliche Kollegen treffen am Samstag in entspannter Shoppinglaune beim Einkaufen aufeinander. Beide sind jeweils in weiblicher, dem anderen noch unbekannter Begleitung. Der eine Kollege streckt dem anderen freudig seine Hand entgegen, doch der andere sagt: „Nee, nee, Ladies first" und erwidert den Handschlag nicht, sondern streckt seine Hand der ihm unbekannten Frau hin.

Dieser Mann mag es gut gemeint haben, doch sind ihm bei einer Begegnung gleich drei Fauxpas „gelungen":

1. Er hat die ihm gereichte Hand ausgeschlagen.
2. Er hat seinen Kollegen vor anderen Personen gemaßregelt.
3. Er begrüßt eine Person, die er gar nicht kennt.

Stattdessen sollte er zuerst den begrüßen, den er kennt. Anschließend sollte er sich vorstellen lassen oder er kann sich selbst vorstellen.

> Regel Nr. 3:
> Begrüßen Sie die Person zuerst, die Sie kennen, und lassen Sie sich dann vorstellen oder stellen Sie sich vor.

Wie gibt man die Hand?

Der Händedruck kann eine Menge über den Menschen aussagen, und er kann Formen annehmen, die andere als unsympathisch oder sogar dominant empfinden.

- Der Machtdemonstrator: Er erwidert den Händedruck mit zwei Händen oder tätschelt mit der zweiten Hand den Oberarm des Begrüßten (nur bei Freunden möglich).
- Der Kniefall: Er drückt die Hand seines Gegenübers so fest, dass dieser beinahe in die Knie geht.
- Der Waschlappen: Er vergisst, seinem Händedruck einen gewissen Druck mitzugeben, so dass sich dieser anfühlt wie ein feuchter Waschlappen, der einem in die Hand gelegt wurde.
- Der Gleichgültige: Er gibt jemandem die Hand, spricht aber mit einer dritten Person weiter.

Der korrekte Händedruck ist von einem angenehmen Druck und dauert ca. ein bis drei Sekunden. Hände werden gereicht und nicht geschüttelt. Schauen Sie Ihrem Gegenüber dabei in die Augen und nehmen Sie im Sommer die Sonnenbrille ab, solange es keine sich verdunkelnde Lesebrille ist. Was tun, wenn Ihr Gegenüber Ihre Hand beim Händereichen nicht mehr loslässt? Entspannen Sie einfach Ihren Druck, damit signalisieren Sie, dass Sie Ihre Hand gerne zurück hätten. Wenn Ihr Gegenüber nicht ganz emotionslos ist, wird er die schlaffe Hand in seiner spüren und sie frei geben.

> Regel Nr. 4:
> Achten Sie auf Ihren Händedruck: Er sollte nicht zu fest, aber auch nicht zu locker sein und maximal ein bis drei Sekunden dauern. Schauen Sie Ihrem Gegenüber immer freundlich in die Augen.

Zur Begrüßung aufstehen

Beispiel

Sie sitzen mit Ihren Kunden und Kollegen an einem Besprechungstisch, und ein Mitarbeiter betritt den Raum, um, wie abgesprochen, eine Produktpräsentation zu halten. Als er an den Tisch herantritt, um die Gäste zu begrüßen, stehen nur die Herren auf, die anwesenden Kolleginnen und die Kundin bleiben sitzen. Macht man das so?

Sobald Ihnen eine Person entgegentritt und Sie begrüßen möchte, sollten Sie aufstehen. Dies gilt sowohl für Männer als auch für Frauen. Sie bringen damit zum Ausdruck, dass Sie Ihrem Gegenüber den nötigen Respekt entgegenbringen. Im Geschäftsleben ist es für Frauen sehr viel angenehmer, auf der gleichen Augenhöhe zu kommunizieren und nicht angestrengt den Kopf in den Nacken zu legen und nach oben schauend sprechen zu müssen. Sollten Sie am Schreibtisch sitzen, stehen Sie auf und gehen um diesen herum. Damit bauen Sie Barrieren ab, die sichtbar zwischen Ihnen stehen. Bieten Sie Ihren Gästen danach einen Platz an. Im Privatleben und gerade auf Bällen dürfen Frauen sitzen bleiben, solange keine ältere Dame auf sie zukommt. Wer nun jünger ist oder nicht, mag nicht immer ganz einfach einzuschätzen sein. Sollten Sie bei einer jüngeren Dame einmal aufstehen, ist dies kein Fauxpas, denn für jemanden aufzustehen, ist immer ein Zeichen von Respekt.

Regel Nr. 5:
Im Berufsleben stehen sowohl Männer als auch Frauen zur Begrüßung auf.

Sich und andere vorstellen

Wie stellen Sie sich sympathisch vor und wie machen Sie eine adäquate Gegenvorstellung? Was sollten Sie beachten, wenn Sie Personen miteinander bekannt machen? In unseren Trainings werden die meisten Teilnehmer bei diesem Thema nervös. Viele machen sich hier die größten Gedanken, doch oft sind solche Situationen sehr entspannt und alles läuft von alleine. Um Ihnen aber eine Sicherheit zu geben, hier die wichtigsten Tipps zum Vorstellen.

Wie stelle ich mich sich selbst vor?

Beispiel

Zwei fremde Personen begegnen sich zum ersten Mal auf einer Veranstaltung. Sie nähern sich zaghaft an, reichen sich die Hände und stellen sich vor: „Guten Tag, Meier mein Name!", „Sehr erfreut, ich bin Frau Müller."

Solche Vorstellungen hört man häufig. Es geht aber schöner. Eine positive Selbstvorstellung lautet: „Guten Tag, ich bin Vorname Nachname." Nennen Sie eventuell noch Ihre Position im Unternehmen bzw. die Aufgabe, die Sie erfüllen. Damit geben Sie oft ein Thema für den ersten Small Talk vor. Die Gegenvorstellung im obigen Beispiel ist auch nicht mehr aktuell. Ob Sie eine Frau oder ein Mann sind, darauf müssen Sie nicht hinweisen. Diese Tatsache sieht man meistens. Lassen Sie also Frau oder Herr weg und ersetzen Sie es durch Ihren Vornamen.

Die Vorstellung sowie die Gegenvorstellung umfassen nur Vor- und Nachname. Stellen Sie sich bitte nie mit Ihren Titeln oder akademischen Graden vor. Auch Doktoranden unter sich sprechen sich nicht mit den Titeln an. Natürlich wird es dadurch nicht gerade einfacher herauszufinden, wie die korrekte Anrede der Person ist, die man gerade kennen gelernt hat.

Gemäßigt im Ton und ohne Floskeln

Kennen Sie die Menschen, die sich vor Sie hinstellen, die Hand ausstrecken und mit scharfem Ton nur ihren Nachnamen nennen? Besonders sympathisch ist das nicht. Man erwartet fast noch, dass die Hacken laut zusammenklappen wie beim Militär. Es ist weitaus angenehmer, wenn man bereits bei der Vorstellung die Stimme seines Gegenübers mitbekommt. Immerhin haben wir anfangs gesehen, dass die Stimme 38 % des ersten Eindrucks prägt. Geben Sie Ihrem Gegenüber also auch die Chance, sie zu hören.

Dann gibt es noch die Menschen, die meinen sehr höflich zu sein, wenn sie fragen: „Gestatten, dass ich mich vorstelle?" oder „Darf ich mich Ihnen vorstellen? Mein Name ist...." Nun, das ist in der Tat sehr nett gemeint, aber heutzutage nicht mehr üblich, sondern gilt als übertriebene Beflissenheit. Wir müssen uns nichts erlauben oder gestatten lassen, was die Vorstellung betrifft. Diese alten Zöpfe können wir getrost abschneiden.

Verhalten einer Gruppe gegenüber

Wenn Sie auf eine Gruppe zukommen, sollten Sie Ihren Namen ab und an bei der Begrüßungsrunde wiederholen. So gehen Sie sicher, dass auch der letzte in der Runde Ihren Namen zumindest einmal gehört hat.

Noch ein wichtiger Aspekt: Stoßen Sie auf eine Gruppe, bei der Sie nur eine Person kennen, begrüßen Sie den Bekannten zuerst mit Handschlag. Stellt er Sie dann nicht der Gruppe vor, nehmen Sie das selbst in die Hand. Suchen Sie sich dabei die ranghöchste Person als erstes aus und gehen von dieser der Reihe nach die Vorstellungsrunde durch. Kennen Sie die Rangordnungen nicht, starten Sie bei einer Dame der Gruppe. Kommen Sie aber nicht auf die Idee, zuerst alle Damen und dann die Herren zu begrüßen. Dieser Zick-Zack-Parcour könnte verwirrend und umständlich wirken. Leiten Sie ruhig Ihre Begrüßung mit den Worten ein: „Ich fange der Einfachheit halber bei Ihnen an...." Und gehen dann der Reihenfolge nach die Personen ab.

Die korrekte Gegenvorstellung

Viele reagieren auf eine Vorstellung mit den Floskeln „angenehm" oder „sehr erfreut". Freundlicher ist da schon ein „Freut mich, Sie kennen zu lernen." Eine sympathische und moderne Gegenvorstellung klingt allerdings genauso wie eine Vorstellung: „Guten Tag, (und) ich bin Vorname Nachname." Der Nachsatz: „Wie schön, dass wir uns endlich persönlich kennen lernen" ist die modernere Variante von „angenehm".

Regel Nr. 6:
Sowohl die Selbst- als auch die Gegenvorstellung sollte folgendermaßen formuliert werden: „Guten Tag, mein Name ist/ich bin/ich heiße Vor- und Nachname." Alte Floskeln wie „Erlauben Sie, dass ..." oder „angenehm" gehören nicht mehr dazu.

Wie stelle ich andere vor?

Sie befinden sich in einem größeren Kreis, als jemand dazukommt, der nur Ihnen bekannt ist. Begrüßen Sie ihn und stellen Sie ihn der Gruppe vor. Hier gilt als erste Regel: Ankommende werden Anwesenden vorgestellt. Stellen Sie dabei die Personen mit all ihren Titeln und akademischen Graden vor. Nur dann können die Anderen den Fremden korrekt ansprechen. Die zweite Regel besagt: Die wichtigere Person erhält zuerst die Information, wer vor ihr steht. Ein einfaches Beispiel hierfür ist folgendes:

Beispiel

Sie stehen mit der neuen Praktikantin am Kopierer und Ihr Vorgesetzter kommt den Gang entlang. Sie grüßen zuerst und machen folgende Vorstellung: „Lieber Herr Thöres, ich möchte Ihnen unsere neue Praktikantin, Frau Matter, vorstellen. Liebe Frau Matter, dies ist unser Geschäftsführer, Herr Thöres."

Situationen, die in den privaten Bereich hineinreichen, sind dagegen nicht immer ganz eindeutig. Treffen Sie Ihren Vorgesetzten am Samstag in der Stadt, stellen Sie ihm Ihre Partnerin bzw. Ihren Partner vor. Etwas unangenehmer könnte es werden, wenn man seine Begleitung vorgestellt hat, der Vorgesetzte aber vergisst, seine Begleitung vorzustellen. Zu mutmaßen, ob dies seine Frau oder Tochter ist, ist keine passende Frage. Die bessere Lösung ist die Flucht nach vorne. Zum Beispiel mit den Worten: „Wir haben uns noch gar nicht bekannt gemacht. Ich bin Vorname Nachname." Meist wird auf Ihre Selbstvorstellung auch eine Gegenvorstellung kommen und Sie wissen dann, mit wem Sie es zu tun haben. Werden Sie also in solchen Situationen aktiv und rätseln Sie nicht lange herum.

Regel Nr. 7:
Ankommende werden Anwesenden vorgestellt. Die wichtigste Person erfährt zuerst, wer vor ihr steht.

Die richtige Anrede

In den meisten Fällen lautet die korrekte Anrede: Gruß, Herr/Frau Nachname. Tückisch wird die Sache erst, wenn Adelstitel oder akademische Grade hinzukommen, diese sollten auf jeden Fall genannt werden. Der Adelstitel ist zudem Bestandteil des Namens.

Den anderen beim Namen nennen

Jeder hört gerne seinen Namen, aber nur wenn er auch korrekt ausgesprochen wird. Den Namen wiederholt falsch auszusprechen oder ihn zu verwechseln, wirkt sehr unhöflich. Doch ist es nicht immer die leichteste Übung, sich die Namen seiner Geschäftspartner auf Anhieb zu merken. Das Nachfragen beim Erstkontakt ist kein Verbrechen. Fragen Sie aber bitte nicht drei Mal nach. Auch das wäre unhöflich. Nennen Sie Ihren Gesprächspartner im Laufe Ihrer Unterhaltung ab und zu beim Namen oder verabschieden Sie sich mit der Nennung seines Namens. Übertreiben Sie dabei aber nicht.

Anrede bei Titeln und Adelstiteln

Beispiel

Haben Sie mit österreichischen Geschäftspartnern zu tun, sollten Sie wissen, dass die Österreicher stolz auf Ihren Titel sind und diesen auch gerne hören. Die Titel unterscheiden sich jedoch erheblich von denen in Deutschland. Es gibt beispielsweise „Berufstitel" wie Hofrat, Medizinalrat oder Kammersänger, die vom Bundespräsidenten für besondere berufliche Leistungen verliehen werden. Auch der Herr Diplomkaufmann oder die Frau Diplom-Psychologin möchten genau so angesprochen werden. Sie merken schon: Der Titel kann wichtiger sein als der Name, der häufig entfällt. Erkundigen Sie sich deshalb im Vorfeld eines Geschäftskontaktes gezielt nach Titeln.

Bei Adelstiteln

Treffen Sie auf einen Gesprächspartner, der einen Adelstitel hat, wird dieser in der Anrede mitgenannt. Die einfachste Variante ist, wenn es sich um das bloße „von" handelt. Dann heißt es „Guten Abend, Herr von Münchhausen". Wissen Sie, dass Ihr Gegenüber Baron bzw. Freiherr ist oder einen Grafentitel trägt, sprechen Sie ihn mit: „Guten Abend, Graf Schönberg" an. Das kleine Wörtchen „von" fällt bei dieser Anrede weg. Sobald ein Graf oder Baron vor Ihnen steht, entfällt die Anrede mit Herr/Frau. Herr Graf oder Frau Gräfin sagten früher nur die Angestellten und drückten damit ihre

Untertänigkeit aus. Bei einem Geschäftskontakt gibt es diese Differenzierung nicht, sondern man steht auf der gleichen Stufe. Einen Adelstitel allerdings dürfen Sie bei der Anrede erst weglassen, wenn er Ihnen vom Träger erlassen wird. Gleiches gilt auch für akademische Grade. Wenn ein dritter Gesprächspartner Ihren adeligen Geschäftskollegen ohne Titel anspricht, kommen Sie also nicht auf die Idee, es ihm gleich zu tun. Sie wissen nicht, wie sich die beiden bezüglich der Ansprache geeinigt haben.

Regel Nr. 8:
Adelstitel gehören zum Namen und sollten bei der Anrede mit genannt werden. Graf von Petershausen, wird mit „Guten Tag, Graf Petershausen" angesprochen – also ohne „Herr" und ohne „von". Das einfache „von" (ohne Adelstitel) hingegen wird in der Anrede nicht weggelassen.

Bei akademischen Graden

Bei akademischen Graden wird in der Anrede immer nur der höchste Titel genannt. Wird Ihnen ein Professor Dr. Huber vorgestellt, sprechen Sie ihn mit „Guten Tag, Herr Professor Huber" an. Auf der Adresse eines Briefumschlages sollten Sie aber alle Titel hinschreiben. Haben Sie einen Gesprächspartner, der Dr. Dr. h.c. Caesar heißt, sprechen Sie ihn bei der Anrede nur mit *einem* Doktortitel an. Verwirrung kann aufkommen, wenn jemand sowohl akademische als auch adelige Titel hat. Beide Titel werden bei der Anrede genannt. Dabei gilt folgende Reihenfolge: akademischer Grad, Adelstitel, Nachname (z. B. Guten Tag, Dr. Graf Edelmann)

Sollten Sie auf die Nennung Ihres akademischen Grades Wert legen, können Sie es wie ein ehemaliger Kollege von uns halten, der mit ironischem Unterton und einem Grinsen im Gesicht sagte: „Dr. Berger bitte, so viel Zeit muss sein." Solche Bemerkungen sollte man sich aber lieber in einem Vier-Augen-Gespräch erlauben, wenn man den Gesprächspartner besser kennt. In naher Zukunft werden weitere Titel wie Bachelor und Master in Europa üblich sein. Sie werden aber ebenso wenig wie der Diplom-Ingenieur oder Diplom-Betriebswirt bei der Begrüßung oder Anrede mit genannt.

Regel Nr.9:
In Deutschland werden bei der Anrede nur akademische Titel wie Dr. oder Professor genannt. Nennen Sie nur den höchsten Titel.

Doppelnamen

Beispiel

Ihre Kollegin hat geheiratet und Sie haben erfahren, dass Sie sich für einen Doppelnamen entschieden hat. Trotzdem meldet sie sich immer noch ausschließlich mit Ihrem Geburtsnamen am Telefon. Wie sollen Sie sie denn nun ansprechen?

Sprechen Sie Ihre Kollegin ab dem Zeitpunkt, ab dem Sie wissen, dass sie einen Doppelnamen hat, mit diesem an. Hier gilt dieselbe Regel wie bei den Titeln: Sollte Ihre Kollegin Ihnen ihren neuen Zweitnamen erlassen, dürfen Sie sie wieder mit dem „alten" Namen ansprechen.

Regel Nr. 10:
Titel, Doppelnamen oder akademische Grade können Sie erst weglassen, nachdem sie Ihnen erlassen werden.

Du oder Sie?

Das Siezen ist historisch betrachtet ein eher junger Brauch. Im Frühmittelalter (um 500 n. Chr.) war das Du die gängige Anredeform. Erst vier Jahrhunderte später wurde das Ihr für hochrangige Personen eingeführt. Unser heutiges Sie hat sich erst im 19. Jahrhundert entwickelt und damit sind auch unsere heutigen Anreden im alltäglichen Leben entstanden.

Beispiel

Eine Bekannte von uns war auf einem Fest ihrer Freundin eingeladen. Die Anwesenden waren alle zwischen 30 und 40 Jahre alt und Freunde der Gastgeberin. In einer Runde, traf sie auf einen guten Freund, er stand bei einer Frau, die sie schon vor Jahren einmal kennen gelernt hatte. Sie begrüßte den Freund und stellte sich dann der Frau mit ihrem Vornamen vor. Diese allerdings erwiderte die Gegenvorstellung mit: „Ich bin Frau von Döring." Wieso ließ sich jemand in dieser Runde siezen, zumal man sich schon vor Jahren in kleinerer Runde getroffen hatte? Es blieb bei der Vorstellungsrunde und unsere Bekannte suchte danach das Weite. Über die steife Begrüßung war sie sichtlich schockiert.

Gerade bei gleichaltrigen Personen oder Freunden von Freunden rechnet man nicht damit, sich siezen zu müssen, geschweige denn mit Adelstiteln anzusprechen.

Die Deutschen sind in der Anrede sehr förmlich. In fast allen anderen europäischen Ländern wird sich im privaten wie geschäftlichen Umfeld geduzt. Diese Anredeform scheint sich in Deutschland nicht durchzusetzen. In einer RTL-Umfrage im

Januar 2007 sprachen sich 80 % der Befragten gegen eine Einführung des allgemeinen Duzens aus.

Das Du anbieten

Wer darf im Berufsleben das Du anbieten? Hier gilt wieder die Regel: Der Ranghöhere darf entscheiden, wem er wann das „Du" anbieten möchte. Für ein „Du" reicht ein Händeschlag oder die Übereinkunft, sich ab jetzt zu duzen, indem man seinen Vornamen nennt. Große Arien des Küsschengebens oder des Brüderschaft-Trinkens sind unnötig.

Es ist nicht immer ganz einfach festzustellen, wie ernst das Duz-Angebot gemeint ist. Gerade zur Weihnachtszeit oder bei anderen Firmenveranstaltungen werden solche Angebote zur fortgeschrittenen Stunde ausgesprochen. Im Zweifelsfall kehren Sie hinterher einfach zum üblichen Sie zurück.

Beispiel

Auf einer Weihnachtsfeier sitzen Sie zu fortgeschrittener Stunde mit Ihrem Vorgesetzten am Tisch. Wie es der Zufall und die Stimmung so wollen, bietet Ihr Chef Ihnen mit nicht mehr ganz klarer Stimme das Du an. Eine nicht ganz einfache Situation: Für den jetzigen Zeitpunkt nicht so schlimm, aber was machen Sie damit am nächsten Morgen? Leider haben Sie den Eindruck, dass Ihr Vorgesetzter nicht mehr ganz nüchtern war, als er Ihnen das Du anbot. Am nächsten Morgen treffen Sie ihn auf dem Flur und wissen nicht mehr, ob er sich noch daran erinnert, was er gestern gesagt oder getan hat. Sie begrüßen Ihn mit einem freundlichen „Guten Morgen, Herr Drexler." Ihr Chef schaut Sie verwundert an und sagt: "Guten Morgen, Monika. Wir hatten uns doch gestern auf das Du geeinigt, oder?"

Wie dieses Beispiel zeigt, sind Sie immer auf der sicheren Seite, nach einem feucht-fröhlichen Abend beim Sie zu bleiben. Der Ranghöhere wird Ihnen schon ein Zeichen geben, dass er das Du ernst gemeint hat. Hüten Sie sich davor, auf Firmenveranstaltungen über den Durst zu trinken. Ihre möglichen Schandtaten sind schneller, als Ihnen lieb ist, in der ganzen Firma bekannt. Bleiben Sie in allen Geschäftssituationen professionell. Heute dürfen sowohl Männer als auch Frauen das Du anbieten. Wer wem das Du anbietet, hängt von der Rangordnung ab, ist keine vorhanden, ist das Alter ausschlaggebend: Der Ältere bietet dem Jüngeren das Du an. Sind Mann und Frau ungefähr gleich alt, sollte die Frau das Du anbieten.

Das Du ablehnen

Ein Du darf abgelehnt werden. Tun Sie dies aber auf eine freundliche Art und Weise und rechnen Sie damit, dass Ihnen dieses Angebot kein zweites Mal gemacht wird.

Beispiel

„Vielen Dank für Ihr nettes Angebot. Ich halte es allerdings im Geschäftsleben so, dass ich mich mit meinen Kunden/Lieferanten/Kollegen nicht duze. Ich fühle mich aber sehr geehrt, dass Sie mir so ein Vertrauen aussprechen."

Regel Nr. 11:
Das Du bietet der Ranghöhere an. Ein Du darf freundlich ausgeschlagen werden. Sind keine Rangordnungen vorhanden, bietet der Ältere dem Jüngeren das Du an. Sind Mann und Frau ungefähr gleich alt, sollte das Du von der Frau ausgehen, es sei denn, der Mann ist weitaus länger im Unternehmen tätig.

Das Du in Firmen

Einige Firmen in Deutschland versuchen, die Duzkultur von heute auf morgen einzuführen, was bei einigen Mitarbeitern auf Unbehagen trifft oder zumindest sehr ungewohnt ist. Andere Firmen einigen sich darauf, sich untereinander mit Vornamen und Sie anzusprechen, diese Variante scheint oft größeren Anklang zu finden.

Sie bietet sich besonders für Firmen mit Kontakten im anglophonen Sprachraum an. Gerade in Situation mit englischsprachigen Kunden kann es in Besprechungen befremdlich wirken, wenn Sie Ihre Kunden beim Vornamen nennen, Ihren eigenen Kollegen aber mit Nachnamen ansprechen. Wenn in einer Firma die Variante Vorname und Sie nicht üblich ist, sollte man sich mit seinen Kollegen wenigstens vor Meetings absprechen, an denen englischsprachige Kunden teilnehmen, und sich darauf einigen, sich im Englischen mit Vornamen anzusprechen.

Eine ähnliche Situation gibt es bei Besprechungen mit deutschen Teilnehmern. Duzen Sie einen Ihrer Mitarbeiter, müssen Sie diese Tatsachen vor Ihren Kunden nicht verheimlichen. In der direkten Ansprache reden Sie den Kollegen mit Vornamen an, sprechen Sie über ihn, verwenden Sie seinen Nachnamen. Sie können sich selbstverständlich auch darauf einigen sich in Besprechungen auch unter Kollegen zu siezen.

Business-Dresscode

Unser Outfit ist Bestandteil unserer Kommunikation. Nicht zuletzt deshalb sind bei der Kleiderwahl Stil und Qualität so gefragt. In diesem Kapitel lesen sie

- was Trend vom Stil unterscheidet (S. 33),
- mit welchen Elementen sowohl Frauen (S. 36) als auch Männer (S. 42) sinnvoll ein Business-Outfit zusammensetzen und
- wie Sie im Alltag am besten mit Kaffeeflecken und anderen Missgeschicken umgehen (S. 54).

Von Düften und Farben

Düfte und Farben spielen bei unserem äußeren Erscheinungsbild eine größere Rolle, als viele von uns glauben. Wir werden Ihnen aber keine Typberatung geben. Denn: Obwohl man seinen Typ nachweislich mit den richtigen Farben und Accessoires in Szene setzen kann, geht es uns mehr um die gepflegte Erscheinung von Kopf bis Fuß.

Erst sehen, dann riechen

Im Vergleich zu Tieren sind wir Menschen nicht gerade gut ausgebildet, was unseren Geruchssinn bzw. unsere Geruchsrezeptoren angeht. Trotzdem haben wir nur im seltensten Fall einen Lebenspartner an unserer Seite, den wir nicht riechen könnten. Sie existiert also, die Ebene der chemischen Kommunikation.

Beispiel

Sie betreten morgens den leeren Fahrstuhl, der Sie zu Ihrem Büro bringt und werden von einer Parfumwolke „sanft" umhüllt, die Sie an Ihre Kollegin erinnert. Und insgeheim denken Sie sich: „Aha, Frau Meier ist auch schon da."

Frau Meier setzt eine Duftmarke. Aber ob das immer so gut ist? Parfumduft am frühen Morgen kann dem ein oder anderen zu Recht auf den Magen schlagen. Denn zu viel „Geruch" macht nicht immer sympathisch. Duft sollte erst bei einem Abstand von einer Armlänge und weniger wahrnehmbar sein. Suchen Sie sich zwei bis drei Lieblingsdüfte aus, die Sie ab und zu abwechseln. So gewöhnt sich die Nase nicht zu sehr an einen Duft, den man am Ende nicht mehr richtig dosieren kann. Benutzt man jahrelang denselben Duft, kann es nämlich vorkommen, dass er in Übermaßen aufgetragen wird. Sie kennen sicherlich die meist älteren Herren, die seit Jahren Old Spice benutzen und ihre Mitmenschen täglich damit belasten.

Neben den Parfums und Aftershaves gibt es den Geruch von übermäßig parfümierten Waschmitteln, Weichspülern oder Trockentüchern, die der Wäsche beigegeben werden. Auch dieser Geruch fällt eher negativ als positiv auf. Versuchen Sie möglichst „neutral" zu riechen. Duftwasser und Parfums sind aber durchaus erlaubte Begleiter im Geschäftsleben.

Regel Nr. 12:
Parfum und Aftershave sollten nicht zu stark aufgetragen und öfter einmal gewechselt werden, dann gewöhnt sich die eigene Nase nicht zu sehr an den Duft und man kann ihn besser dosieren. Ein Duft sollte erst ab einem Abstand von einer Armlänge wahrnehmbar sein.

Körpergeruch

Düfte werden in verschiedenen Kulturen unterschiedlich beurteilt. Japaner sind extrem empfindlich, was Körpergeruch angeht, da sie selber kaum welchen haben. Wir Europäer ertragen da weitaus mehr – aber auch das hat Grenzen. Wie aber kann man an heißen Sommertagen seinen Kollegen auf das versagende Deo hinweisen? Das ist keine leichte Aufgabe, aber versuchen Sie das Thema unter vier Augen zur Sprache zu bringen, beispielsweise so: Ihnen sei aufgefallen, dass er/sie heute etwas streng rieche. Wahrscheinlich habe er/sie das selber gar nicht bemerkt. Einfacher ist es auf jeden Fall, wenn sich Gleichgeschlechtliche diese Hinweise geben und nicht der männliche Vorgesetzte seiner Assistentin einen Wink geben muss.

Kleidung sollte möglichst täglich gewechselt werden und auch frisch gewaschene Haare können so manche lange Feier vom Vorabend verbergen. Vergessen Sie nie: Der Ausspruch „den kann ich nicht riechen" gilt auch im geschäftlichen Umfeld und er kann sogar zum Deal-Breaker werden. Geben Sie diesem unbewussten Signal des ersten Eindrucks möglichst wenig Möglichkeit und beeinflussen Sie das am Duft, was Sie beeinflussen können.

> Regel Nr. 13:
> Achten Sie auf Ihren Körpergeruch – tägliches Waschen und Kleiderwechseln gehört auf jeden Fall ins Geschäftsleben. Weisen Sie Kollegen unter vier Augen auf strenge Körperdüfte hin.

Was sind offizielle Businessfarben?

Ob Sie ein Herbst-, Sommer- oder Wintertyp sind, interessiert in diesem Zusammenhang weniger. Bei diesem Thema geht es darum, was erlaubt ist, nicht was Ihnen am besten steht. Wenn Sie wissen, mit welcher Farbe Sie am besten wirken, werden Sie ohne Zweifel auch bei Ihrem Gegenüber entsprechend wahrgenommen. Doch im Geschäftsleben ist leider nicht alles erlaubt. Wenn wir von Businessfarben sprechen, meinen wir grundsätzlich die typischen Anzugfarben der Herren. Zu den Businessfarben in Deutschland zählen: Blau, Grau und Braun.

Vorsicht bei schwarzen Anzügen

Schwarz ist eine Anlassfarbe und wird bei Veranstaltungen, Hochzeiten, Beerdigungen und Festen getragen. Ja, es ist richtig, dass Schwarz schon seit Jahren in der Geschäftswelt zu finden ist. Angefangen hat das mit den schwarzen Rollkragenpullovern und Hosen der Designer- und Modewelt. Kreative Berufsgenossen wollten sich damit von der großen Masse der Geschäftswelt differenzieren. Genau diesen Effekt vermitteln schwarze Anzüge aber auch heute noch. Stellen Sie sich einen groß gewachsenen Mann in einem schwarzen Anzug, mit weißem Hemd und roter Krawatte vor. Dieser Mann strahlt Seriosität, aber auch immense Autorität aus. Gerade beim Erstkontakt wird sich der Gesprächspartner schwer tun, sich diesem „übermächtigen Neuling" zu öffnen. Also Vorsicht bei schwarzen Anzügen! Für einen Vortrag oder einen Verhandlungstag, an dem Sie die Oberhand haben möchten, ist Schwarz wiederum ein perfekter Begleiter.

Oft bekommen wir die Frage, ob denn Anthrazit oder ein schwarzer Nadelstreifenanzug genauso extrem wirken. Nein, die Streifen und auch das nicht tiefschwarze Anthrazit sind wesentlich entspannender für das Auge und wirken längst nicht so mächtig.

Am besten blaue oder graue Anzüge

Möchten Sie sich also im Erstkontakt etwas zurücknehmen und dem Gegenüber seinen Platz einräumen, tragen Sie blaue oder graue Anzüge. In Deutschland zählt auch Braun zu den typischen Businessfarben. Sie werden aber kaum braune

Anzüge in Vorstandsetagen finden. Hier ist Braun verpönt und die Farben sind sowohl für Männer als auch für Frauen sehr viel gedeckter und dunkler. Kennen Sie den Spruch: „No brown in town"? Die Engländer haben die Anzugfarben klar eingeteilt: Schwarz wird zu Anlässen getragen. Blau und Grau gehören in die Geschäftswelt und Braun wird dort getragen, wo es am häufigsten vorkommt – nämlich auf dem Land. Sie werden in der Business-Welt kaum Briten mit braunen Anzügen antreffen. Und was ist mit Hellgrau oder Beige für Anzüge im Sommer? Grundsätzlich ist dies möglich.

Farben sind auch branchenabhängig

Beispiel

Während einer Vorstellungsrunde neuer Mitarbeiter im Sommer erschien ein Kandidat im hellgrauen Anzug. Typisch für die Beratungsbranche, in der wir uns damals aufhielten, waren dunkelblaue und dunkelgraue Anzüge. Ein Kommentar eines Kollegen zum Outfit des Neulings war: „Der dunkelt auch noch nach!"

Je nachdem, auf welcher Ebene Sie agieren, gilt es bestimmte Dresscodes einzuhalten. Jede Branche pflegt unterschiedliche Dresscodes. Gerade in konservativen Branchen wie die Finanz-, Beratungs- oder Automobilbranche sind oft nur die hochoffiziellen Businessfarben gefragt. Dazu gehören Dunkelblau, Dunkelgrau und auf Veranstaltungen Schwarz. Was in der Finanzwelt zu den absoluten Tabus gehört, mag in der Textil-, Designer- oder Werbebranche völlig selbstverständlich sein. Orientieren Sie sich ruhig an Kollegen und Vorgesetzten, ohne zu kopieren. Finden Sie Ihren eigenen Stil und haben Sie dabei immer im Hinterkopf, dass Sie das Image der Firma transportieren.

Frauen können stärker variieren

Für Frauen ist die Farbwahl weitaus einfacher und vielfältiger. Es ist durchaus möglich im Sommer ein pastellfarbenes Kostüm zu tragen. Auch Schwarz wirkt bei Frauen weniger mächtig und abgrenzend als bei Männern. Es kann sogar durchaus dafür eingesetzt werden, stärker aufzufallen.

> Regel Nr. 14:
> Anzugfarben in Deutschland sind: Grau, Blau und Braun. Schwarz ist eine Anlassfarbe und keine gute Anzugfarbe für einen Erstkontakt bei Männern. Frauen dürfen farblich stärker variieren.

Kleidung zwischen Trend und Stil

Unter klassischer Business-Kleidung versteht man für den Mann den Anzug mit Hemd und Krawatte, für die Frau ein Kostüm mit einem Knie umspielenden Rock oder einem Hosenanzug. Geschäftskleidung sollte grundsätzlich gepflegt, bequem, modisch und zum Anlass passend sein. Es geht vor allem darum, was Ihr Betrachter von Ihnen denkt, wenn er Sie sieht. Folgende Gedanken sollten Sie also leiten: Was wird von mir erwartet, wenn ich im Erstkontakt zum Kunden komme? Welches Image vertrete ich für mich und meine Firma?

Bei der Kleiderwahl gilt die Formel: Overdressing stört nicht, sondern kann höchstens ein Lächeln hervorrufen. Underdressing hingegen kann beleidigend sein! Wichtig zu wissen ist, dass ich von meinem Gegenüber beurteilt werde. Ich kann meine Kleidung also nutzen, um Botschaften zu senden. Auf diese Weise funktionieren Marken. Mit dem Tragen von Markenkleidung signalisiere ich die Zugehörigkeit zu einer bestimmten Gruppe und erhoffe mir die Akzeptanz meines Gegenübers.

Klassische Kleidung im Schrank zu haben, ist sinnvoll. Man kann sie bei Bedarf immer mit modischen Accessoires kombinieren. Vor allem aber zahlt es sich aus, Qualität zu kaufen. Machen Sie nicht jede Mode mit, sondern finden Sie Ihren eigenen Stil und lassen Sie ab und zu mal einen Trend aus.

Blazer und Sakkos: ganz schön zugeknöpft

Beispiel

Ein Fernseh-Quiz: Der Kandidat hat die 100 000 Euro-Frage leider nicht korrekt beantwortet und alle Joker verspielt. Die Hupe ertönt, der Kandidat und Moderator stehen nach einem Austausch einiger Worte zur Verabschiedung auf. Der feine Unterschied in diesem Augenblick: Der Moderator greift, sobald er steht, zum Sakko und knöpft den mittleren Knopf zu. Dies geschieht in Bruchteilen von Sekunden und die Geste fällt kaum auf.

Im Stehen geschlossen

Die Regeln für die Knöpfung eines Sakkos bei Männern oder eines Blazers bei Frauen lauten: Im Stehen ist es immer geschlossen. Aber: Der unterste Knopf bleibt immer offen! Wie viele Knöpfe geschlossen werden, hängt also von der Anzahl der Knöpfe und Knopfreihen ab. Auch bei der Weste bleibt der unterste Knopf offen, damit sie beim Hinsetzen keine Querfalten wirft. Sobald Sie sich hinsetzen, können Sie das einreihige Sakko öffnen, das zweireihige Jackett bleibt auch im Sitzen geschlossen.

Das Sakko im Stehen geschlossen zu tragen, mag als Einschränkung der Bewegungsfreiheit erscheinen. Doch es gibt Situationen, in denen Sie sich so sehr viel wohler fühlen. Stehen Sie beispielsweise vor einer Gruppe von Menschen, um eine Präsentation zu halten, sehen Sie erstens kompetenter und „aufgeräumter" aus und zweitens entsteht durch das geschlossene Sakko im Kontrast mit dem hellen Hemd ein Dreieck. Dieser optische Effekt leitet den Blick des Zuhörers zu Ihrem Gesicht. Probieren Sie es aus!

Sobald Sie sich also zur Begrüßung eines Kollegen oder Kunden erheben, ist Ihr erster Griff zum Sakko-Knopf. Wenn bei der Begrüßung am Tisch zu wenig Platz zum Aufstehen da ist, deuten Sie ein Aufstehen nur kurz an – und dann sollten Sie auch das Schließen des Sakkos kurz andeuten, indem Sie zum mittleren Knopf des Sakkos greifen.

Knöpfregeln

Immer, wenn Sie stehen, sollten Sie Ihr Sakko oder Ihren Blazer folgendermaßen knöpfen:

3-Knopf-Sakko	Nur der mittlere oder die beiden oberen
4-Knopf-Sakko	Die beiden mittleren oder die drei oberen Knöpfe
Zweireiher	Der unterste Knopf bleibt immer offen (außer bei Uniformen) und der oberste bleibt stets geschlossen, auch im Sitzen.

Auch wenn Sie sich für einen Drei-Teiler entschieden haben, befreit Sie die Weste Sie nicht vom Schließen des Sakkos. Unter einem Zwei-Reiher wird übrigens keine Weste getragen. Die Knöpf-Regeln gelten auch für Frauen-Sakkos, solange es sich um klassische gerade Schnitte handelt. Tragen Sie allerdings ein tailliertes oder ungewöhnlich geschnittenes Sakko, sollten Sie immer schauen, ob der Schnitt ein geschlossenes Sakko zulässt und dabei gut aussieht.

Regel Nr. 15:
Ein Sakko ist beim Stehen immer zugeknöpft. Ein Zweireiher ist auch im Sitzen geschlossen zu tragen, wobei der unterste Knopf stets offen bleibt. Das Tragen einer Weste befreit nicht vom Schließen des Sakkos im Stehen.

Business-Outfit für Frauen

Beispiel

Der Sommer ist heiß, die Röcke werden kürzer und Bäuche und Füße werden enthüllt. In diesem Outfit erscheint die eine oder andere junge Frau im Büro. Ganz zum Entzücken mancher männlichen Kollegen, aber ganz zum Entsetzen des Mitarbeiters, der gerade seinen Kunden an dieser Kollegin vorbeizuschmuggeln versucht, da ihm dieser Aufzug viel zu leger erscheint. Zu Recht!

Ob eine Frau ein Kostüm, einen Hosenanzug oder eine Kleid-Kombination trägt, hängt davon ab, worin sie persönlich sich wohler fühlt. Die offizielle Kleidung bei Kundenkontakten ist aber meist das Kostüm oder der Anzug.

Besser länger als kürzer

Wenn Sie ein Kostüm mit Rock wählen, achten Sie darauf, dass der Rock Ihr Knie umspielt. Ein Rock sollte nicht kürzer sein als eine Handbreit über dem Knie. Mit kürzeren Röcken tun Sie sich keinen Gefallen. Am Ende des Tages konzentrieren Sie sich mehr darauf, Einblicke zu vermeiden, als auf Ihre Besprechung. Und Sie fangen an, auf dem Stuhl hin und her zu rutschen, weil Sie vielleicht denken, irgendjemand könnte doch etwas zu viel Einblick bekommen. Das lässt Sie nicht kompetent wirken und Sie lenken den Betrachter vom Wesentlichen ab, nämlich von Ihren interessanten Worten.

Sie müssen Ihre Weiblichkeit keineswegs verleugnen. Im Gegenteil, Sie können Ihre weiblichen Vorzüge dezent in Szene setzen. Aber Frauen sollten erotische Signale im Berufsleben vermeiden. Was zählt alles zu erotischen Signalen?

- Tiefer Ausschnitt
- Über die Brust spannende Blusen
- Bauchfrei
- Schulterfrei
- Zu kurze Röcke

- Zu enge Hosen
- Zu hohe Schuhe
- Schuhe, die vorne offen sind und die Zehen zeigen

Gepflegt im Job

Eine Bluse ist keine Pflicht. T-Shirts unter einem Sakko sind bei Frauen grundsätzlich erlaubt – sehen Sie sich Bundeskanzlerin Angela Merkel oder andere Weltpolitikerinnen an. Achten Sie aber darauf, das Sakko möglichst nicht auszuziehen, wenn Sie es mit einem T-Shirt statt einer Bluse kombiniert haben, jedenfalls nicht bei Kundenterminen. Frauen können im Geschäftsleben durchaus auch Modefarben tragen. Achten Sie aber darauf, diese dezent einzusetzen. Kombinieren Sie also eine pinkfarbene Bluse mit einem grauen Kostüm, oder ein apfelgrünes T-Shirt mit einem Anzug in gedeckten Farben.

Organisieren Sie Ihren Schrank neu: Prüfen Sie, welche Sachen Sie seit über einem Jahr nicht mehr getragen haben. Holen Sie diese Kleidungsstücke heraus und überlegen Sie gut, ob Sie ihnen noch eine Chance geben oder sie lieber aussortieren. Sie tun sich dann morgens leichter mit der Frage: „Was ziehe ich heute an?"

Wichtig für Ihren persönlichen Stil ist auch Ihr berufliches Umfeld. Legt Ihr Unternehmen ausgesprochenen Wert auf gepflegtes Business-Outfit, sollten Sie sich verstärkt Kostüme, Hosenanzüge oder Röcke zulegen. Achten Sie bei Ihrer Kleiderwahl auf Qualität. Klassiker von guter Qualität halten länger, kommen nicht aus der Mode, sind ein treuer Begleiter und eignen sich auch zum Kombinieren.

Regel Nr. 16:
Erotische Kleidung gehört nicht ins Büro. Sowohl Blusen als auch T-Shirts sind unter Kostümen und Anzügen für Frauen erlaubt. Röcke sind Knie umspielend.

Nylons & Schuhe für Frauen

Ein Frauenschuh sollte nicht höher als 6 cm sein, keine Plateau-Sohlen haben und vorne geschlossen sein. Im Winter gelten Stiefel zu knapp über dem Knie endenden Röcken als modisch schick – gerade in jungen, modebewussten Branchen und Abteilungen. Aber: Im konservativen Business gelten Stiefel als Winterkleidung, die vor Kälte und Schnee schützt. Deshalb sollten Frauen sowie Männer im Büro einen klassischen Schuh anziehen und Winterschuhe wie Stiefel, Stiefeletten oder Boots nur auf dem Weg zum Unternehmen tragen. Wenn Sie neue Schuhe gekauft haben, vergessen Sie nicht, das Preisschild an der Sohle zu entfernen. Dieser Fauxpas wird sehr häufig gerade bei Frauenschuhen beobachtet.

Für Geschäftsfrauen gilt bei Kundenterminen auf jeden Fall die Pflicht der Seidenstrümpfe. Sollten Sie sich mal nicht ganz sicher sein, welche Farbe passt, orientieren Sie sich an der Saumfarbe Ihres Kostüms. Je blickdichter die Strümpfe sind, desto sportlicher wirken sie.

Laufmaschen verlieren ihren Schrecken, wenn man einfach eine Ersatzstrumpfhose parat hat. Tragen Frauen Strümpfe zum Anzug, gelten die gleichen Regeln wie bei den Herren.

Ein hervorblitzendes helles Schienenbein zwischen Strumpf und Hose lenkt bei Frauen genauso ab wie bei Herren. Achten Sie auch darauf, dass die Strümpfe an der Ferse nicht abgewetzt sind.

Regel Nr. 17:
Seidenstrümpfe für Frauen sind Pflicht beim Kundentermin. Schuhe sollten gepflegt sein und nicht abgelaufen, die Absätze sollten nicht höher als 6 cm sein.

Accessoires für Frauen

Lenken Sie im Geschäftsleben möglichst nicht von sich ab, indem Sie funkelnden Schmuck oder an jedem Finger einen Ring tragen. Auch bei Fernsehauftritten wird empfohlen, keine baumelnden Ohrringe zu tragen, die den Zuschauer vom Gesicht ablenken. Sie möchten mit Ihren Worten in Erinnerung bleiben und nicht mit Schmuck und anderen Accessoires.

Weniger ist mehr

Um einen Anhaltspunkt zu geben, wie viel zu viel ist, können Sie sich an die Faustregel halten, nicht mehr als fünf Accessoires zu tragen. Zu den typischen Accessoires gehören jegliche Art von Schmuck, Brillen, Tücher, auffallende Gürtel oder Broschen. In einigen Fällen zählen auch modellierte Fingernägel dazu. Mit Strasssteinen besetzte Fingernägel sind nicht für die Geschäftswelt geschaffen. Sie lenken den Betrachter viel zu sehr von Ihren Worten ab. Und Sie bleiben beim Geschäftspartner eher als „die mit den funkelnden Fingernägeln" oder „den großen Ohrringen" in Erinnerung. Dabei sollten Sie Ihren Geschäftspartner lieber mit guten Ideen oder brillanten Präsentationen beeindrucken. Nicht nur die Menge ist entscheidend, sondern auch, was Sie als Accessoire im Geschäftsleben tragen. Zu teuer darf Ihr Schmuck nicht sein.

Beispiel

Vom Geschäftsführer eines großen deutschen Konzerns wurden Bilder gemacht. In der ersten Veröffentlichungen war er mit einer teuren Uhr am Handgelenk zu sehen. Kurze Zeit später wurde dieses Bild überarbeitet und die Uhr am Handgelenk retouchiert. Man hatte sich wohl Gedanken darüber gemacht, wie das in der Öffentlichkeit ankommen könnte.

Diese Frage sollten Sie sich selber auch stellen: Welchen Schmuck trage ich und wie wirke ich damit auf meinen Kunden? Darüber hinaus gibt es aber noch weitere Accessoires, die unsere Gesprächspartner aufmerksam registrieren und mit denen Sie Signale aussenden.

Mehr als Accessoires

Mit welchem Stift schreiben Sie Ihre Notizen und worin bzw. worauf notieren Sie Ihre Besprechungsmitschriften? Achten Sie darauf, dass Sie einen persönlichen Stift haben. Es muss nicht unbedingt das Meisterstück von Montblanc sein, aber bitte unterzeichnen Sie keine Verträge mit einem Werbekugelschreiber aus Plastik. Wenn Sie einen eigenen Füller oder Kugelschreiber haben, wird das wahrgenommen und Sie zeigen damit, dass Sie einem Vertragsabschluss Respekt entgegenbringen. Gleiches gilt für das Papier, das Sie benutzen. Haben Sie aus Ihrer Tasche einen Zettel gefischt, den Sie auf der Rückseite beschreiben? Oder haben Sie ein für Mitschriften vorgesehenes Buch oder einen Kalender parat? Mit der Benutzung von Blöcken, Büchern oder anderen gebundenen Unterlagen, signalisieren Sie nicht nur, dass Sie Ihre Mitschriften auch wieder finden, sondern auch, was für einen Stellenwert Sie ihnen geben.

Regel Nr. 18:
Weniger Accessoires sind oft mehr. Achten Sie auch auf stilvolle Schreibgeräte und -unterlagen.

Business-Outfit für Männer

Das typische Business-Outfit für Männer ist ein Anzug mit Hemd und Krawatte in gedeckten Farben.

Welcher Anzug soll es sein?

Bei der Wahl des Anzugs sollte man auf Qualität und eine gute Passform achten. Die Hose liegt vorne auf dem Schuh mit einem Knick auf. Hinten endet die Hose am oberen Absatzrand. Der Mindestbestand Ihrer Garderobe sollte zu Beginn Ihrer Berufskarriere mindestens zwei Anzüge und sechs Hemden umfassen, die gut kombinierbar sind. Der einfarbige Anzug oder der klassische Nadelstreifenanzug sind in fast allen Branchen die korrekte Kleidung. Kombinationen sind durchaus möglich, sollten aber lieber von größeren Personen getragen werden. Kleinere Männer wirken eher gestaucht durch die Farbkombination. Je höher man in der Hierarchie aufsteigt, desto seltener werden Kombinationen akzeptiert.

Hemden – welche Farbe, welches Muster?

Hemden sollten möglichst in hellen Farben gewählt werden. Schwarze, weinrote oder graue Hemden wirken eher leger. Ob das Hemd uni oder gestreift ist, hängt ganz vom Geschmack des Trägers ab. Karierte Hemden sind möglich, wirken aber etwas legerer als Streifen. Achten Sie gerade bei gemusterten Hemden darauf, dass das Design der Krawatte zum Hemd passt. Kombinieren Sie nie mehr als zwei Muster in einem Outfit: also zum Beispiel kein Karohemd mit Tupfenkrawatte zum Nadelstreifen-Anzug. Hemden sind aus Baumwolle und im Idealfall ohne Brusttasche. In die Hemdentasche wird sowieso nie etwas hineingesteckt.

Von Krawatten und anderem „Halsschmuck"

Beispiel

Sie kommen in den Meetingraum, in dem bereits viele neue Gesichter auf Sie warten. Schnell scannen Sie mit einem Blick alle Anwesenden. Auf einmal bleibt Ihr Blick hängen. Sitzt da doch jemand mit einer Fliege um den Hals. Blitzartig gehen Ihnen Gedanken durch den Kopf: Das letzte Mal habe ich das in der Uni gesehen. Ist das jemand, der eine bestimmte Stellung im Unternehmen hat? Oder ist das nur ein Kauz, der sich abheben möchte?

Ganz recht: Eine Fliege gehört nicht zum Business-Outfit. Die Träger dieses eigentümlichen Kleidungsstücks zählen gewissermaßen als eigene Spezies, die in Unternehmen gleich auffällt. Genau das soll auch passieren. Eine Fliege ist ein Zeichen der Abgrenzung von den „normalen" Mitarbeitern. Sie sendet Signale aus wie: „Schaut her, ich habe etwas erreicht" oder „Ich habe einen anderen Hintergrund". Fliegen findet man im Tagesgebrauch bei Professoren, Architekten und zuweilen bei Rechtsanwälten. Es ist wie mit der schwarzen Kleidung: Sofort entsteht eine gewollte Unterscheidung zu anderen Geschäftsleuten.

Entscheiden Sie sich im Business lieber für eine Krawatte. Sie sollte immer aus Seide sein. Strick, Leder oder andere Materialien haben hier nichts zu suchen. Das Design sollte dezent und die Farbe dem Anlass entsprechend gewählt sein. Laute Muster oder lustige Modelle mit verspielten Weihnachtsmännern lenken Ihren Gesprächspartner unnötig ab. Halten Sie sich lieber an Streifen, Paisley-Muster, Tupfen oder einfarbige Krawatten. Ein praktischer Nutzen mag bei einer Krawatte als Kleidungsstück tatsächlich nicht erkennbar sein. Dennoch darf die Wirkung dieses Stoffstückes keineswegs unterschätzt werden.

> Regel Nr. 19:
> Anzug und Hemd werden von Ihrem Gegenüber eher als neutral wahrgenommen. Erst die Krawatte kann Ihrem Outfit eine persönliche Note geben oder sogar eine Aussage treffen.

Denken Sie an die Signalwirkung der Farbe rot: Mit einer roten Krawatte erregen Sie Aufmerksamkeit, mit einem kühlsachlichen blauen Schlips signalisieren Sie eher Zurückhaltung. Wählen Sie darum stets mit großer Sorgfalt aus, welche Krawatte Sie anziehen. Sie ist der Blickfang Ihres Outfits.

Welchen Knoten Sie für die Krawatte wählen, hängt von der Kragenform Ihres Hemdes ab. Wenn Sie einen weit gespreizten Kragen haben, können Sie dementsprechend einen größeren Knoten (doppelter Windsor) binden. Achten Sie aber immer darauf, dass sich die Kragenspitzen nicht vom Hemd abheben. Ein schnell gebundener und perfekt sitzender Knoten ist der einfache Windsor-Knoten. Hier eine kurze Beschreibung:

1

Hängen Sie die Krawatte so um Ihren Hals, dass das breite Ende rechts hängt und etwa viermal so lang ist wie das schmale.

2

Legen Sie das breite Ende über das schmale und führen Sie es unter dem schmalen hindurch.

3

Nehmen Sie das breite Ende nach oben und führen Sie es hinter der Schlinge nach unten. Ziehen Sie es leicht fest.

4 

Führen Sie das breite Ende nach links und dann von unten nach oben durch die Schlinge.

5 

Führen Sie das breite Ende von oben nach unten durch die vorne entstandene Schlaufe und ziehen Sie es ganz nach unten.

6 

Zum Schluss ziehen Sie den Knoten gut fest.

Regel Nr. 20:
Der einfarbige Anzug oder der Nadelstreifenanzug sind in den meisten Branchen immer korrekt. Businesshemden sind langärmelig und möglichst hell. Mehr als zwei Muster im Gesamtoutfit sollten nie miteinander kombiniert werden. Krawatten sind aus Seide und im klassischen, zurückhaltenden Design.

Casual Friday

Gibt es in Ihrer Firma den „Casual Friday", ist ein Rollkragen-Pullover unter einem legeren Cord- oder Tweed-Anzug möglich. Für offizielle Termine wäre dieses Outfit zu „casual". Pullover sollte man zu offiziellen Geschäftsterminen nicht unter einem Anzug tragen. Gelbe Pullover oder Pullunder mögen für den einen oder anderen Politiker ein Markenzeichen gewesen sein – die Business-Welt hat für solche „Markenzeichen" wenig übrig.

Schuhe, Socken & Gürtel für Männer

Auch beim Schuhwerk kann man einiges falsch machen – sei es bei Farben und Material oder in der Kombination der Accessoires.

Schuhe – Gepflegtheit ist ein Muss

Schuhe sollten sauber und gepflegt sein. Dazu gehört, dass Sie die Absätze und Sohlen erneuern, sobald sie abgelaufen sind. Schuhe sind aus Leder und sollten auch eine Ledersohle habe. Ein Schuh mit Ledersohle hält deutlich länger, wenn Sie ihm Zeit zur Erholung geben. Mindestens 24 Stunden benötigt ein Schuh im Schuhspanner, um sich vom Tragen, von Nässe oder Fußschweiß zu erholen.

Ein typischer Männerschuh im Business ist ein Halbschuh mit Schnürsenkeln. Zu einem Business-Anzug passen fast immer schlichte Derbys (ein Schuh ohne jede Ziernaht), traditionelle Brogues oder ein klassischer Oxford (ein Schuh mit schlichter Zehenkappe). Braune Schuhe sehen zusammen mit einem braunen Gürtel gut zu grauen oder blauen Anzügen aus. Tragen sie aber besser keine braunen Schuhe zu schwarzen Anzügen, wenn Sie kein Stirnrunzeln provozieren wollen.

„No brown after six" – diese Aussage bezieht sich auf die Schuhe der Herren und sie bedeutet: Sollten Sie morgens schon wissen, dass Sie nach dem Bürotag noch auf eine Veranstaltung gehen, entscheiden Sie sich am besten gleich für schwarze Schuhe zum Anzug. Diese alte Regel sehen wir nur aber dann als zwingend an, wenn es sich um eine feierliche Veranstaltung handelt. Für den Restaurantbesuch oder die Vernissage nach dem Büro mit Kollegen oder Geschäftspartnern gelten lockerere Regeln.

Gürtel – vor allem die Farbe ist wichtig

Der Gürtel sollte stets die gleiche Farbe haben wie die Schuhe. Im Optimalfall ist der Gürtel sogar aus exakt demselben Material wie die Schuhe. Eine auffällige Gürtelschließe sieht nur zu Jeans gut aus, zum Anzug sollten Sie eine schlichte Variante wählen. Die Schließe muss nicht das Material von Armbanduhr oder Manschettenknöpfen aufnehmen.

Socken – was man nicht sieht … ?

Beispiel

Die Presse kann gnadenlos sein, wenn man Ihr Anlass dazu gibt: Hat sie doch das Bild eines deutschen Politikers bei einem Besuch in Japan veröffentlicht, auf dem zu sehen ist, wie er sich bei einem Restaurantbesuch die Schuhe ausgezogen hat und seine Strümpfe zwei große Löcher jeweils am großen Zeh aufweisen.

Nicht nur, wenn man – wie in Japan – die Schuhe ausziehen muss, sollte man darauf achten, auch hier korrekt gekleidet zu sein. Man weiß nie, was einem passiert, und zum perfekten Business-Outfit gehören nun einmal auch die Socken. Je mehr Sie auch auf diese „Kleinigkeiten" achten, desto besser und selbstbewusster werden Sie sich fühlen! Dass Tennissocken nicht unter Anzüge gehören, hat sich längst herumgesprochen. Gemusterte Socken oder solche mit Comic-Motiven tragen Sie besser nur in der Freizeit. Achten Sie darauf, dass Ihre Socken nicht löchrig oder an Hacken und Ballen schon leicht durchsichtig geworden sind.

Strumpf und Hosenlänge sollten so aufeinander abgestimmt sein, dass Schienbein und Wade bedeckt bleiben, wenn Sie die Beine übereinander schlagen. Im Handel gibt es mittlerweile so genannte Business-Socken, die etwas länger als normale Socken, jedoch kürzer als Kniestrümpfe sind. Mit Kniestrümpfen sind Sie natürlich immer auf der sicheren Seite.

Strümpfe sollten farblich zur Hose oder zu den Schuhen passen. Wenn Sie die Strümpfe passend zur Hose tragen, streckt dies visuell Ihr Bein. Bei dunklen Schuhen zu einem hellen Anzug, sollten die Strümpfe, falls Sie den Farbton der Hose nicht treffen, zu den Schuhen passen. Eine andere Regel besagt, man soll die Strümpfe an das jeweils dunklere Kleidungsstück (Schuhe oder Hose) anpassen. Wenn Sie sich daran halten, machen Sie nichts falsch. Wichtig ist aber auch, dass die Strümpfe in der Oberflächenbeschaffenheit zu

Ihrer Hose passen, also beispielsweise keine groben Woll-strümpfe zum feinen Anzug.

> Regel Nr. 21:
> Schuhe sollten gepflegt und sauber sein sowie eine Ledersohle haben. Winterschuhe gehören nicht zu einem klassischen Business-Outfit. Die Socken sind dunkel und im Idealfall Kniestrümpfe. Der Betrachter soll nicht durch helle Strümpfe oder weiße Waden abgelenkt werden.

Accessoires für Männer

Auch für Männer gilt hier: Weniger ist mehr! Die typischen Accessoires für Männer sind ein bis zwei Ringe, Brille, Armbanduhr, Manschettenknöpfe, Einstecktuch und die Krawatte.

Persönliche Markenzeichen

Wenn Sie auf Halsketten oder Armbänder nicht verzichten wollen, sollten diese im Business so getragen werden, dass sie nicht sichtbar sind. Dies gilt vor allem für persönliche Markenzeichen wie Tattoos oder Piercings, wenn Sie einen Anzug tragen.

Beispiel

Ein Teilnehmer unserer Trainings war in der Finanzbranche tätig und hatte am Hals ein Tatoo in Form von Flammen, das aus dem Hemdkragen hoch stieg. Dieses Tatoo bringt den einen oder anderen Kunden bestimmt ins Grübeln: Ist mein Geld hier gut angelegt? Weiß der Berater, wovon er spricht? Sollte er nicht lieber Motorräder verkaufen?

Allein schon die Tatsache, dass die Kunden anfangen über das nachzudenken, was sie sehen, ist kein gutes Zeichen. So wenig Ablenkung wie möglich ist die Devise!

Ein ganz besonderes Augenmerk sollten Herren auf ihre Armbanduhr richten. Bitte tragen Sie Sportuhren mit Gummiarmband und wuchtigem Gehäuse ausschließlich zu entsprechenden Anlässen – nämlich zum Sport. Im Berufsleben haben diese Uhren nichts zu suchen, auch wenn es ein wunderbarer Anlass sein könnte, einen Small Talk zu starten. Eine Uhr sollte unter die Hemdmanschette passen und nicht schwer am Armgelenk prangern. Denn mit Uhren verhält es sich wie mit Autos: Sie dürfen nicht zu protzig sein. Kunden verzeihen selten so viel Luxus – gerade in Deutschland. Wir haben sogar schon gehört, dass Kunden einen Auftrag nicht erteilt haben bzw. abgesprungen sind, weil der neue Audi A8 des Lieferanten als Geschäftswagen nicht gut ankam.

Wohin mit Geldbörse, Schlüssel und Mobiltelefon?

Ohrringe, Krawattenclips und Handtaschen sind für Herren im Geschäftsleben nicht angesagt. Krawattenclips kommen und gehen mit der Mode. Derzeit sind sie out. Außerdem sollten Sie als Mann darauf achten, dass Ihre Anzugtaschen nicht von Brieftasche, Autoschlüssel und Mobiltelefon ausgebeult sind. Trotzdem gehören die Mobiltelefone nicht an den Gürtel, geschweige denn der Schlüsselbund an die Gürtelschlaufe. So könnten Sie als Hausmeister oder Handwerker auftreten, weil sie beide Hände frei haben müssen. Grundsätzlich ist die Handtasche für Herren aber auch nicht der Helfer in der Not. Am besten kommen Mobiltelefon, Geldbörse und Schlüssel in die Aktentasche.

Eine andere Lösung ist eine flache Brieftasche, in der Kredit- und Visitenkarten Platz finden. Sie kommt in die Brusttasche des Mantels. Wenn Sie ihn an der Garderobe abgeben, nehmen Sie die wichtigsten Kreditkarten heraus und packen Sie zu den Geldscheinen, die in der Gesäßtasche der Anzughose verschwinden. Seien Sie vorsichtig mit Geldklammern. Sie können unter Umständen die Kleidung ruinieren. Kleingeld wird verteilt auf die vorderen Hosentaschen. Eine Münze findet ihren Platz in der Jacketttasche. Das Mobiltelefon sollten Sie in der Hosentasche transportieren, in der Brusttasche des Sakkos kann es durch sein Gewicht den Sitz verziehen. Der Autoschlüssel kommt am besten mit zum Kleingeld und ist hoffentlich nicht größer als eine normale Fernbedienung.

Welche Tasche ist richtig?

Beispiel

Wie praktisch! Ein junger Geschäftsführer erschien zum Geschäftstermin mit einem Rucksack, in dem er seine Unterlagen und den Computer transportierte. Selbstsicher betrat er den Raum, nahm lässig den Rucksack von den Schultern und ließ ihn wie ein Student unter den Tisch rutschen. Sein Anzug zeigte links und rechts an den Schultern vom Tragen des Rucksacks leichte Knitterstellen. Noch konnte der junge Mann die Blicke seiner Geschäftspartner nicht deuten.

Nein, ein Rucksack ist ganz bestimmt nicht die adäquate Tasche für einen Geschäftsführer, um seinen Computer, Unterlagen oder andere Dinge zu transportieren. Das Image, das mit einem Rucksack transportiert wird, ist der „ewige Student", der keinen großen Wert auf Umgangsformen legt bzw. nicht viel Geld hat. Es gibt wunderschöne Taschen aus Leder oder Leder-Stoff-Kombinationen, die für Laptops gemacht sind. Nehmen Sie bitte nicht das Werbegeschenk, auf dem in großen Lettern ein Kundenlogo prangt.

Einstecktuch und Manschettenknöpfe

Einstecktuch und die Manschettenknöpfe sind kein Muss, aber auch nicht verboten. Trägt Ihr Vorgesetzter keine Manschettenknöpfe, heißt das nicht, dass Sie Ihre ebenfalls zu Hause lassen müssen. Wenn Sie sich für Manschettenknöpfe entscheiden, dann bitte nur zu Hemden mit Doppelmanschetten, die umgeklappt werden. Zu einer einfachen Sportmanschette tragen Sie bitte niemals Manschettenknöpfe. Das Material muss nicht der Armbanduhr angepasst werden. Verzichten sollte man jedoch auf „lustige" Motiv-Varianten. Sehr hochwertige Knöpfe mit Diamanten gehören nur zur Abendgarderobe. Die kleinen Stoffknoten, die man teilweise noch im Handel kaufen kann, dienten ursprünglich als Platzhalter beim Hemdenverkauf. Und da sollten sie auch bleiben.

Dasselbe gilt auch für das Einstecktuch. Sie können es tragen, egal ob Ihr Vorgesetzter es tut oder nicht. Achten Sie aber darauf, dass das Einstecktuch nicht das gleiche Muster hat wie die Krawatte. Oft wird genau dieses Duo im Handel verkauft, aber das Einstecktuch sollte nur eine Farbe der Krawatte oder des Hemdes aufgreifen, nicht das gleiche Muster haben.

Ein gewisses Fingerspitzengefühl benötigen Sie bei beiden Accessoires, wenn Sie im Kundenkontakt sind. Beachten Sie wieder, dass Ihr Outfit so sein sollte, dass es Ihrem Gegenüber möglichst wenig Anlass gibt, sich Gedanken darüber zu machen. Kleiden Sie sich wie ein Freund, nicht wie ein Feind. Das heißt aber nicht, dass Sie Ihr Niveau nach unten anpassen müssen. Tragen Sie nur nicht zu dick auf, wenn Ihr Kunde „einfacher" gekleidet ist.

Regel Nr. 22:
Bei Herren-Accessoires gilt: Weniger ist mehr! Das heißt: Eine Uhr und ein bis zwei Ringe sind genug für Herren. Tattoos, Pearcings, Ketten oder Armbänder bitte so tragen, dass sie nicht sichtbar sind. Einstecktücher und Manschettenknöpfe dürfen sein, müssen aber nicht. Und: Uhren sollten nicht zu protzig sein und unter der Hemdmanschette verschwinden.

Flecken und andere Missgeschicke

Beispiel

In fünf Minuten ist Teamleiterbesprechung, bei der der neue Abteilungsleiter vorgestellt wird. Sie holen sich noch schnell einen Kaffee aus der Teeküche. Doch beim Hochheben der Tasse stoßen Sie ans Regal und der Kaffee schwappt Ihnen entgegen: Oh Schreck, ein Fleck! Auf der frischen weißen Bluse. Gut sichtbar für alle Meeting-Teilnehmer. Zeitlich haben Sie keine Chance, etwas dagegen zu unternehmen. In der Besprechung verhalten Sie sich zurückhaltend, Ihnen geht der Gedanke nicht aus dem Kopf, was die anderen und vor allem Ihr neuer Chef wohl von Ihnen denken. Sie sitzen verkrampft, damit man den Fleck möglichst wenig sieht. Als Sie Ihr Projekt vorstellen sollen, fassen Sie sich kurz, damit Sie nicht so lange im Mittelpunkt stehen.

Besonders geschickt ist so ein Verhalten nicht, denn: Welchen Eindruck gewinnen Ihre Kollegen, vor allem aber der neue Abteilungsleiter, der Sie ja noch nicht persönlich kennt, von Ihnen? In so einem Fall hilft nur die Flucht nach vorne.

Bevor Sie also während der ganzen Besprechung überlegen, ob die anderen Teilnehmer den Fleck schon bemerkt haben oder wie man ihn am besten verdecken könnte, entschuldigen Sie sich gleich zu Beginn der Besprechung.

Beispiel

Statt lange zu grübeln, könnten Sie sagen: „Verzeihen Sie meinen Aufzug, mir ist just vor unserer Besprechung die Kaffeetasse entgegengekommen. Normalerweise laufe ich nicht so rum. Und so weit ich weiß, ist das auch kein neuer Trend."

Bringen Sie Ihren Fauxpas gleich bei der Begrüßung auf den Tisch, dann haben Sie Ihren Kopf frei für die Besprechung. Sie büßen dadurch nichts an Souveränität ein und sind nicht durch unangenehme Gedanken abgelenkt. Sollte Ihnen erst viel später ein Fleck oder Riss in der Hose auffallen, hilft nichts anderes, als darüber zu schweigen.

Wie sag ich's meinem Gegenüber?

Was machen Sie im umgekehrten Fall, wenn Sie bei Ihrem Gesprächspartner einen Toilettenfehler bemerken? Sollen Sie zum Beispiel einen Kunden auf seine offene Hose aufmerksam machen? Auf jeden Fall! Sobald Ihnen etwas Peinliches bei Ihrem Gegenüber auffällt, nehmen Sie ihn zur Seite und sagen ihm unter vier Augen, dass er zwischen den Zähnen noch Essensreste hängen hat. Jeder wäre für so einen Hinweis dankbar, erst recht, wenn es sich um einen offenen Reisverschluss handelt.

Beispiel

Bei einem Vortrag vor ca. 400 Zuhörern wurde nach 30 Minuten ein Referent auf die Bühne gebeten. Er hatte bereits eine halbe Stunde neben seinen Kollegen gesessen und wahrscheinlich auch schon vorher mit ihnen gesprochen. Der Referent kam auf die Bühne und 400 Augenpaare starrten auf seinen Hals. Denn seine Krawatte hing nicht wie üblich in der Mitte, sondern um 90° gedreht unter dem rechten Ohr. Was er gesagt hat, wissen wir nicht mehr, aber die Krawatte ist uns in guter Erinnerung geblieben.

In diesem Fall wäre es wirklich die Pflicht seiner Kollegen gewesen, ihn vorher auf die schief sitzende Krawatte hinzuweisen. Die Geste des Zurechtrückens hätte ihm vermutlich zu Anfang seiner Rede noch Sympathie beim Publikum eingebracht.

Regel Nr. 23:
Oft hilft Ihnen nur die Flucht nach vorne, indem Sie Ihren Fauxpas selbst kommentieren. Weisen Sie andere unter vier Augen auf mögliche Peinlichkeiten hin.

Umgangsformen im Geschäftsleben

Gute Umgangsformen zu pflegen, bedeutet nicht nur, Benimmregeln zu befolgen: Mit Feingefühl erkennen Sie, welches Verhalten in der jeweiligen Situation angebracht ist.

In diesem Kapitel lesen Sie,

- mit welchen Verhaltensweisen Sie das alltägliche Miteinander am besten meistern (S. 62),
- welche ungeschriebenen Gesetze am Arbeitsplatz herrschen (S. 69) und
- wie Sie auch außerhalb des Büros gut ankommen (S. 73).

Wie der Körper spricht

Distanzzonen

Wissenschaftler nennen es das Distanzregulierungsprinzip: Je nach Kultur besteht eine geringe oder größere Toleranz gegenüber körperlicher Nähe. Die geschäftliche Distanzzone in unserem Kulturkreis beginnt ab einer Armlänge. Alles, was sich innerhalb dieser Armlänge bewegt, gehört dem privaten Bereich an. So nah kommen uns nur Familie, Freunde und die Liebsten.

Soweit die Faustregel – im Einzelfall und speziell bei interkulturellen Begegnungen können unterschiedliche Vorstellungen von Körperabstand zum Geschäftspartner zu erheblichen Irritation führen. Deutsche und Briten erwarten einen Abstand von einer Armlänge im Business. Beispielsweise Araber, Mexikaner oder auch Portugiesen kommen sich deutlich näher und empfinden dies als reine Freundlichkeit. Hier gelten anderen Regeln als bei nordeuropäischen Partnern, die sich bei zu viel Nähe eher bedrängt fühlen.

Beispiel

In Südamerika musste ein Ranchbesitzer die Umzäunung seiner Veranda erhöhen. Was ist daran bemerkenswert? Der Grund! Beim abendlichen Aperitif waren regelmäßig nicht wenige seiner angelsächsischen Gäste versehentlich über die Umzäunung gefallen. Die südamerikanischen Gäste waren ihnen beim Plaudern ständig zu nahe gekommen und die Angelsachsen – an andere Distanzzonen gewohnt – mussten unwillkürlich Schritt für Schritt zurückweichen, bis manche eben über den Zaun fielen.

Ob man jemanden auf die Pelle rückt, merkt man mit etwas Feingefühl schnell. Geht Ihr Gesprächspartner immer einen Schritt zurück, bis er am Ende an der Wand steht, wird es Zeit, einen Schritt Abstand einzuräumen und zurückzutreten.

Für den Fall, dass Ihnen mal jemand zu nah kommt, gibt es einen einfachen Trick: Wenden Sie sich um 90° ab und verlagern Sie Ihr Gewicht auf das hintere Bein. Sie zeigen Ihrem Gesprächspartner so zwar ein wenig die „kalte Schulter", gehen aber sicher, dass Sie für sich bereits einen gewissen Abstand ergattern konnten.

Regel Nr. 24:
Ein Abstand von einer Armlänge sollte im Geschäftsleben eingehalten werden.

Körperhaltung & Mimik

Allein durch Ihre Mimik und Ihre Körperhaltung können Sie Ihrem Gegenüber Respekt zeigen und gute Umgangsformen beweisen.

Beispiel

In einer Besprechung entspannen sich meist Männer zu fortgeschrittener Stunde soweit, dass sie ein Bein auf dem anderen ablegen, die Arme mit einer weitläufigen Geste hinter dem Kopf verschränken und sich dabei weit nach hinten lehnen. Eines der Knie ist jetzt meist oberhalb der Tischkante und die gesamte Haltung sehr mächtig. Andere Teilnehmer sitzen Ihrem Gesprächspartner mit verschränkten Armen gegenüber, weit vom Tisch entfernt, und begutachten sie. Beide Haltungen geben dem Gegenüber ein unangenehmes Gefühl.

Wie Sie souverän und respektvoll stehen und gehen

Sie sprechen auch, wenn Sie nichts sagen: Ihre Körperhaltung verrät einiges über Ihre innere Haltung. Sind Sie angespannt, müde, verschlossen, argwöhnisch, offen oder vielleicht in Flirtstimmung? Die Körpersprache zählt genauso wie unser Outfit zu dem 55 %-Anteil, der den ersten Eindruck prägt. Eine positive Körperhaltung ist eine entspannte und aufrechte Haltung. So strahlen Sie Selbstbewusstsein und Kompetenz aus, aber auch Respekt gegenüber Ihrem Gesprächspartner. Nehmen Sie Ihren Raum ein und füllen Sie Ihren Körper aus.

Ein gerader Gang ist nicht jedermanns Sache. Nicht selten sieht man Menschen auf der Straße „watscheln", breitbeinig gehen, tippeln oder langsam schlurfen. Jede Gangart sagt einiges aus. Von dem einen glaubt man zu wissen, er sei passionierter Reiter. Ein anderer wiederum scheint in seiner Freizeit jede Minute Fußball zu spielen.

Nehmen Sie einfach das Kinn hoch, setzen Sie eine freundliche Miene auf, nehmen Sie die Schultern zurück und setzen Sie möglichst einen Fuß vor den anderen. Schreiten Sie nicht im Stechschritt, aber gehen Sie auch nicht extrem langsam über das Geschäftsparkett.

> Regel Nr. 25:
> Denken Sie daran: Sie sprechen auch, wenn Sie nichts sagen! Die Sprache Ihres Körpers zeigt auch Ihre innere Haltung. Gehen und stehen Sie gerade und aufrecht, wenden Sie sich Ihrem Gesprächpartner offen zu und nehmen Sie Blickkontakt auf.

Verschränkte Arme – immer ein Affront?

Um Körpersprache zu verstehen, muss man das ganze Zusammenspiel von Mimik, Gestik, Augen und Körperhaltung betrachten. Verschränkte Arme bedeuten nicht immer „Ablehnung", sie können gerade beim Stehen, auf Empfängen zum Beispiel, auch der Entspannung dienen. Was der Betreffende damit meint, kann man an den Augen, der Mimik und der restlichen Körperhaltung, eventuell sogar an den damit verbundenen Worten ablesen.

Beispiel

Stellen Sie sich eine Small-Talk-Situation auf einer Firmenveranstaltung vor. Sie stehen schon seit geraumer Zeit zusammen und Ihr Kunde erzählt Ihnen von seinem letzten Golf-Urlaub. Sie verschränken die Arme, bleiben ihm aber weiterhin freundlich zugewandt, nicken ihm zu, lächeln und stellen ab und zu Zwischenfragen.

In diesem Fall bedeuten die verschränkten Arme nicht Verschlossenheit oder Ablehnung, sondern Sie entspannen dadurch lediglich Ihre Arme bzw. Schultern.

Sollten Sie feststellen, dass Ihr Gesprächspartner tatsächlich eine geschlossene Haltung Ihnen gegenüber eingenommen hat, versuchen Sie, ihn in eine andere Sitzposition zu bringen. Wie macht man das? Der einfachste Trick wäre, ihm ein Getränk anzubieten oder Unterlagen zu reichen, die er sich anschauen muss.

Das richtige Verhalten bei Begegnungen

Türen aufhalten

Die Tür wird dem Ranghöheren aufgehalten, damit er zuerst durchgeht. Im Geschäftsleben kann es also vorkommen, dass eine Frau Ihrem Chef die Tür aufhält. Nur er kann in diesem Moment entscheiden, Ihr den Vortritt zu überlassen. Ein wahrer Gentleman wird versuchen, einer Frau auch im Berufsleben die Tür aufzuhalten – gleich wer ranghöher steht. Hiervon ist aber nicht immer auszugehen.

Die verschiedenen Türvarianten

Wenn eine Tür aufgezogen wird, ist die Handhabung eindeutig. Bei Türen, die aufgedrückt werden, kann man manchmal Verrenkungskünste beobachten. Dabei ist diese Türvariante am praktikabelsten folgendermaßen zu öffnen: Der Rangniedere oder Gastgeber geht durch die Tür durch und hält den Nachfolgenden die Tür auf. Vermeiden Sie, im Türrahmen stehen zu bleiben, so dass sich dann die andere Person an Ihnen vorbeiquetschen muss.

Durchlaufen Sie mit mehreren Personen einen Flur mit diversen Türen und wollen nicht ständig „Page" sein, verlangsamen Sie einfach Ihren Schritt und ein anderer Kollege wird bei der nächsten Tür die Aufgabe übernehmen. Bei einer Delegation von 20 Leuten müssen Sie nicht minutenlang die Tür aufhalten, bis wirklich alle durchgegangen sind. Suchen

Sie Blickkontakt zu einem der Folgenden und übergeben Sie die Tür.

Die dritte Türvariante ist die Drehtür. Wie ist hier die Reihenfolge? Ist das Abteil so gedreht, dass man bequem einsteigen kann, geht der Ranghöhere zuerst und der Rangniedere startet dann die Drehung der Tür. Muss das Abteil erst richtig positioniert werden, ist dies die Aufgabe des Rangniederen.

> Regel Nr. 26:
> Dem Ranghöchsten wird die Tür aufgehalten. Nur er darf entscheiden, ob er jemand anderen – zum Beispiel einer Frau – den Vortritt überlässt.

Klopfen

Stehen Sie vor angelehnten oder geschlossenen Türen von Büros oder Besprechungsräumen, sollten Sie auf jeden Fall anklopfen. Auch wenn Sie wissen, dass es Ihre Kunden sind, die im Raum auf Sie warten. Diese Geste ist als eine Art Warnung zu verstehen. Kollegen oder Kunden werden so nicht unangenehm erschreckt oder „ertappt".

Treppen

Eine der häufigsten Fragen, die uns in Trainings gestellt wird, ist die nach der Reihenfolge des Treppenauf- bzw. Treppenabstiegs. Die Antwort ist schnell gefunden: Der Ranghöhere geht zuerst die Treppe hinauf und hinter dem Rangniederen hinunter. Auch wenn es eine Frau ist? Ja, auch wenn es eine Frau ist. Heute ist es wichtiger, jemanden beim Sturz auffangen zu können. Im Idealfall geht man parallel oder leicht versetzt die Treppe hinauf. Hierbei geht die wichtigere Person auf der Rechten, da man annimmt, dass die meisten Menschen mit der rechten Hand stärker sind und so einem fallenden Gast besser helfen könnten.

> Regel Nr. 27:
> Der Ranghöchste geht zuerst die Treppe hinauf – egal ob Mann oder Frau. Ansonsten gilt: Männer gehen hinter Frauen die Treppe hinauf – vor ihr wieder runter.

Körpergeräusche und Bedürfnisse

Verhalten, das Sie vermeiden sollten

Eine außergewöhnliche, aber wahre Geschichte zum Thema Bedürfnisstillung hat uns eine Freundin erzählt:

Beispiel

Ihr Vorgesetzter kam in das Büro, lehnte lässig an der Fensterbank, holte während des Gesprächs sein Taschenmesser aus der Hosentasche und begann in aller Ruhe seine Fingernägel zu säubern. Der Höhepunkt kam aber, als er sich, ans Fenster gelehnt, mit dem Messer auch noch die Fingernägel abschnitzte. Seine Mitarbeiterin konnte sich vor Entsetzen kaum noch auf das Gespräch konzentrieren. Als der Vorgesetzte nach getaner Arbeit das Büro verließ, lag ein kleines Nagelhäufchen beschaulich auf dem Büroteppich vor dem Fenster. Der Schock war so groß, dass sie während dieser Szene gar nichts sagen konnte. Erst hinterher sind ihr einige passende Kommentare dazu eingefallen...

Dass die Körperhygiene keine Tätigkeit ist, die ins Geschäftsleben gehört, sollte eigentlich allen klar sein.

Was Sie nicht vermeiden können

Manchmal lassen sich bestimmte Bedürfnisse nicht vermeiden. Egal ob es sich um Niesen, Husten oder Gähnen handelt, in jedem Fall haben wir schon früh gelernt, dabei die Hand vor den Mund zu nehmen. Niemand in unserer nächsten Umgebung möchte einen weit aufgesperrten Rachen sehen oder gar von Keimen und Bakterien übersprüht werden.

Nehmen Sie möglichst immer die linke Hand vor den Mund. Der Einsatz der rechten Hand ist im Alltag für andere Dinge reserviert. Wir öffnen Türen und begrüßen Menschen mit Rechts. Wenn Sie Ihre linke Hand vor den Mund halten, überreichen Sie anschließend weniger Bakterien an Ihre Mitmenschen. Wenn Sie Ihre Nase putzen, sollten Sie versuchen, dies nur mit einer Hand, nämlich der Linken zu erledigen.

Körpergeräusche anderer sollten nicht kommentiert werden. Besonders in Meetings ist es für den Vortragenden störend, wenn – egal von wem – entweder ein „Gesundheit" oder „Entschuldigung" durch den Raum gerufen wird. Entgleitet Ihnen Luft, sollten Sie sich schon bei Ihrem Gesprächspartner entschuldigen. Eine Entschuldigung ist aber durchaus kein Freifahrtschein! Wenn Sie sich erleichtern möchten, fragen Sie auch bitte nicht nach der Toilette, sondern lieber nach dem Ort, an dem man sich die Hände waschen kann.

> Regel Nr. 28:
> Körpergeräusche anderer werden nicht kommentiert. Für seine eigenen sollte man sich im Zweifel entschuldigen, aber während eines Meetings möglicht wenig Aufhebens um Niesen oder andere Dinge machen.

Aussprechen lassen

Wie Umfragen zu Umgangsformen belegen, gibt es tatsächlich so etwas wie eine Hitliste der Dinge, welche die meisten Menschen stört. Ganz oben auf dieser Liste der meistgenannten Fauxpas, steht das Übel, dem anderen ins Wort zu fallen: Wir möchten gerne ausreden und wollen nicht unterbrochen werden. Das ist nur zu verständlich. Grundsätzlich sollte man seinen Gesprächspartner ausreden lassen. Was aber mache ich mit Menschen, die nicht aufhören zu reden? Nun, jeder Mensch muss einmal Luft holen und genau dies ist die Gelegenheit einzugreifen. Die einfachste, freundlichste und stilvolle Methode ist, eine Frage zu stellen, die man sich selber beantworten und so das Thema umlenken kann: „Was ist denn mit dem XY-Aspekt? Aus meiner Erfahrung gibt es..." Oder stellen Sie eine geschlossene Frage, die nur mit ja oder nein beantwortet werden kann. Dies gibt Ihnen Zeit, sich eine neue Frage auszudenken oder das Thema umzulenken. Wer fragt, der führt!

> Regel Nr. 29:
> Lassen Sie Ihren Gesprächspartner ausreden. Dauerredner können Sie mit einer geschickten Frage unterbrechen.

Wer hilft wem in den Mantel?

Auch in Zeiten der Emanzipation ist es angebracht, einer Frau in den Mantel zu helfen. Diese nette Geste geht aber nicht so weit, dass die emanzipierte Frau einem gleichaltrigen Mann in den Mantel hilft. Empfangen Sie Kunden, zeigen Sie, wo die Garderobe ist. Unterlassen Sie bitte witzige Sprüche wie: „Sie können sich dort drüben aufhängen." Geleiten Sie den Kunden zur Garderobe, nehmen Sie einen Kleiderbügel in die Hand und hängen Sie den Mantel auf. Wenn Sie eine Frau sind, überreichen Sie dem Herrn beim Verlassen des Büros nur den Mantel, helfen ihm aber nicht hinein. Ist der Kunde eine Frau, wird ihr vom männlichen Geschäftspartner geholfen, nicht aber von der weiblichen Angestellten.

Gerade ältere Herren werden es sich im Privaten nicht nehmen lassen, einer Frau in den Mantel zu helfen. Ihnen selbst soll aber nicht geholfen werden, das würde sie in ihrer Ehre als Gentleman kränken. Anders verhält es sich, wenn Sie einen wirklich gebrechlichen Menschen vor sich haben. Hier ist selbstverständlich von jeder Person Hilfe angebracht – egal ob Mann oder Frau.

> Regel Nr. 30:
> Frauen reichen dem Ranghöheren höchstens den Mantel, sie helfen ihm aber nicht hinein. Im privaten wie im beruflichen Umfeld ist es immer noch eine schöne Geste, seiner weiblichen Begleitung oder Kollegin in den Mantel zu helfen. Das sollte auch dankend angenommen werden.

Über den Umgang mit der Zeit

Ein wichtiges Element im gesellschaftlichen Miteinander ist der gegenseitige Respekt. Wenn wir das im Umgang mit unseren Mitmenschen und Geschäftskollegen beherzigen, ist schon der größte Schritt getan. Wer anderen Aufmerksamkeit und Respekt entgegenbringt, wird ebenfalls geachtet. Das gilt auch beim Umgang mit der Zeit.

Wenn Sie sich verspäten

Termine stets pünktlich einzuhalten, gelingt selbst sehr zuverlässigen Menschen nicht immer. Aber Pünktlichkeit gehört – vor allem in Deutschland – zu den wichtigsten ungeschriebenen Gesetzen. Uns selbst fällt die Unpünktlichkeit anderer immer unangenehm auf. Wie oft fangen wir an zu zetern, wenn die Bahn oder das Flugzeug Verspätung hat. Wir regen uns darüber auf, dass der Anschluss nicht erreicht wird oder unser ganzer Tagesablauf durcheinander geraten ist.

Genau wie Ihnen geht es auch anderen Wartenden, selbst wenn es nur ein paar Minuten sind. Eine akademische viertel Stunde gibt es bei geschäftlichen Terminen nicht. Es sei denn, sie ist in der Einladung extra ausgewiesen.

Sollten Sie merken, dass Sie sich verspäten werden, informieren Sie den Wartenden darüber, wann Sie voraussichtlich eintreffen. Jeder wird es Ihnen danken. Ihr Geschäftspartner kann die „Wartezeit" sinnvoll für Telefonate, E-Mail-Bearbeitung oder andere Dinge nutzen.

Wenn andere unpünktlich sind

Was machen Sie, wenn andere unpünktlich bei Ihnen erscheinen oder Sie im Meetingraum warten lassen? Werden Sie versetzt, gehen Sie nach fünf Minuten zur Sekretärin und fragen freundlich nach, wo denn Ihr Gesprächspartner bleibt. Dies können Sie ruhig im Fünf-Minutentakt wiederholen. Nach 20 Minuten können Sie der Assistenz vorschlagen, einen neuen Termin auszumachen, da Sie nicht den ganzen Tag warten können.

Regel Nr. 31:
Auf Pünktlichkeit wird in Deutschland großer Wert gelegt. Wenn abzusehen ist, dass Sie sich verspäten, informieren Sie unverzüglich den Wartenden und teilen Sie ihm Ihre voraussichtliche Ankunftszeit mit.

Ungeschriebene Gesetze am Arbeitsplatz

Wir haben uns entschieden, in einer Gesellschaft, in Städten oder Gemeinden zu leben und halten uns an deren Regeln. Laute Sprache, hässliche Gesten oder sogar Gewalt erschweren das Zusammenleben. Die die wenigsten Menschen fühlen sich in so einer Umgebung wohl. Die ungeschriebenen Gesetze oder, anders ausgedrückt, Selbstverständlichkeiten scheinen manche längst vergessen zu haben. Dabei lautet die einfachste Regel: „Was du nicht willst, das man dir tu, das füg' auch keinem andern zu."

Feedback

Leider wird Feedback in vielen Fällen unhöflich und beleidigend ausgesprochen. Eventuell bekommt der Betroffene sein Feedback auch noch in Anwesenheit anderer und fühlt sich vorgeführt. Beim professionellen Feedback verhält es sich ähnlich, wie wenn wir andere auf einen Fauxpas hinweisen: Geben Sie Feedback möglichst unter vier Augen. Und ganz wichtig ist, keine Angriffe zu formulieren, sondern zu sagen, was Sie empfinden. Also sagen Sie nicht: „Dein Verhalten gestern war wirklich heftig." Besser wäre: „Ich finde, dass du gestern etwas zu dick aufgetragen hast..." und dann folgt

Ihre Begründung. Diese Aussage ist relativiert, denn Sie zeigen, dass nur Sie so empfinden und nicht die ganze Welt. Es ist sehr hilfreich, wenn Menschen uns wirklich Feedback geben. Nur so können wir uns verbessern oder an uns arbeiten.

Lernen Sie die Kunst der Komplimente

Eine andere Art von Feedback ist ein Kompliment: Es ist ein positives Feedback, und wer es beherrscht, wirkt nicht anbiedernd. Viele Menschen trauen sich nicht, Komplimente auszusprechen, da sie genau davor Angst haben – anbiedernd zu wirken. Sagen Sie es einfach so, wie Sie es empfinden. Ehrlichkeit kommt meistens am besten an. Komplimente sind freundliche Äußerungen und werden deshalb gerne gehört.

Beispiel

"Dieses Kleid steht dir aber gut."

"Schönes Outfit, sieht toll aus an dir."

"Mir gefällt die Farbe (an dir), das unterstreicht deinen Typ."

"Das ist ja ein schönes Kostüm, das Sie tragen."

Die richtige Antwort auf ein Kompliment ist ein "ja(?), vielen Dank!" Reagiert die Kollegin peinlich berührt, sagen Sie ruhig noch mal: "Das meine ich ehrlich/ernst" oder "doch, wirklich." Machen Sie Chinesen ein Kompliment, werden Sie feststellen, dass dieses mehrmals zurückgewiesen wird: "Ach nein", "Sie übertreiben", "zu viel des Guten...". In Europa hingegen wird ein Kompliment meist dankend angenommen.

Fishing for compliments

Es ist ein typisches Spielchen, das Kollegen oder Freunde ab und zu untereinander spielen. Anstatt zu fragen: „Wie fandest du meinen Vortrag?" sagen sie: „Um Gottes Willen, ich war ja grausam in der Präsentation. Das ist ja total daneben gegangen." Wie oft denkt man das wirklich von sich? Tatsächlich hofft man auf die Beschwichtigung: „Nein, du warst doch gut. Vor allem, wie du das Publikum eingebunden hast..." Gemein wäre es in dieser Situation, wenn der Kollege mit einem „Stimmt!" antwortet.

> Regel Nr. 32:
> Geben Sie Feedback nur unter vier Augen und am besten mit der „Ich-Finde-Formel". Machen Sie ab und zu ehrliche Komplimente und nehmen Sie Komplimente ohne große Umstände mit einem „Danke" an.

Privates am Arbeitsplatz

Beispiel

In der IT-Branche kommt es häufig vor, dass man Produkt-Updates via Webcast bekommt. So war es auch kürzlich in einem Unternehmen: die Vertriebsmannschaft versammelte sich für diesen „New-Release-Webcast" im Büro eines Kollegen, um sich die Präsentation an seinem Computer anzusehen. Nachdem die Präsentation einige Minuten gelaufen war, poppte eine E-Mail-Nachricht auf von einem Online-Jobfinder: „Wir haben ein Match für Ihren Job-Search gefunden. Vielen Dank für Ihren Auftrag." Dies passierte nicht nur einmal während der Präsentation, sondern gleich drei Mal. Der Besitzer des Computers war sichtlich peinlich berührt und drückte die Nachrichten jedes Mal schnell wieder weg. Zum Glück waren keine Vorgesetzten, sondern nur Kollegen dabei.

Peinlich ist diese Situation allemal. Gehen Sie also auf Nummer Sicher und überprüfen Sie die Einstellungen Ihres Computers, bevor Sie Vorträge halten oder Ihren Computer wie in obigen Fall öffentlich benutzen. Neben den E-Mails, die im extra Fenster angezeigt werden, poppen bei Kollegen auch des Öfteren die Kalenderfunktionen auf. Versuchen Sie solche störenden und manchmal auch belustigenden Nebeneffekte zu vermeiden.

> Regel Nr. 33:
> Überprüfen Sie die Einstellungen Ihres Computers auf private Pop-Up-Fenster, wenn Sie ihn bei Präsentationen öffentlich einsetzen.

Clean Desk Policy

Beispiel

Kennen Sie auch so einen Kollegen? Er arbeitet viel, führt seine Projekte erfolgreich durch, ist bei Kunden beliebt. Aber auf seinem Schreibtisch herrscht das reinste Chaos: Der Schreibtisch ist übersät mit Akten und Papier. Kommt der Putzdienst mal ein, zwei Tage nicht, bleiben halbvolle Kaffeetassen schon mal stehen oder wandern irgendwann hinter den PC. Das geht manchmal so weit, dass Zwischenmahlzeiten, wie etwa angebissene Kuchenstücke, vor sich hingammeln.

Seinen Arbeitsplatz ordentlich und sauber zu halten, sollte sich von selbst verstehen. Nicht nur für Kollegen ist das unangenehm: Jeder Vorgesetzte oder Kunde, der im Vorbeigehen diesen Schreibtisch mit den Augen streift, wird sich wundern, wie man so überhaupt arbeiten kann. Der Kunde sieht manchmal mehr, als Sie glauben.

Umgang mit vertraulichen Unterlagen

Zur Clean Desk Policy gehört nicht nur ein aufgeräumter Schreibtisch. Räumen Sie alle Unterlagen, die ein Dritter nicht sehen soll, so auf, dass sie nicht unmittelbar gefunden werden können. Ob Sie nur zum Mittagessen oder abends nach Hause gehen: Räumen Sie vertrauliche Dinge weg. Wer weiß, welche unerwarteten und unvorhersehbaren Ereignisse dazwischen kommen und Sie daran hindern, an Ihren Platz zurückzukehren. Muss dann eine Vertretung Ihren Job übernehmen, sollte diese sich jederzeit an Ihren Schreibtisch setzen können, ohne auf Ihre Gehaltsabrechnung oder Kundendaten, die nicht für alle bestimmt sind, zu stoßen. Möglicherweise kommt auch ein Kunde in Ihr Büro, Sie sprechen kurz mit ihm und er scannt – meist unbewusst – Ihren Schreibtisch. Zu dumm, wenn gerade dann das Konkurrenzangebot auf dem Tisch liegt.

> Regel Nr. 34:
> Räumen Sie Ihren Schreibtisch auf, wenn Sie ihn verlassen. Vertrauliche Daten sollten auch als solche behandelt werden.

Im Job unterwegs

Viele Geschäftsleute sind regelmäßig in Deutschland oder europaweit unterwegs. Eine Geschäftsreise kann aber auch schon die tägliche Zugfahrt zur Firma sein, die man z. B. mit der Vorbereitung des Kundenmeetings nutzt. Nehmen Sie ab und zu Kunden mit ins Restaurant oder holen Sie sogar Kunden am Flughafen ab? Oder nehmen Sie gemeinsam mit dem

Kunden ein Taxi? Wer sitzt wo und was ist noch alles zu beachten? Die folgenden Tipps geben Ihnen Aufschluss über Ihren Auftritt in der Öffentlichkeit.

Vertrauliche Daten in der Öffentlichkeit?

Beispiel

Selbst in den besten Firmen ist es vorgekommen, dass Mitarbeiter ihre Unterlagen in der Straßenbahn liegen gelassen haben. Peinlich genug, dass man so mit Kundendaten umgeht. Und noch viel unangenehmer war dann die Tatsache, dass dies auch noch in der Regenbogenpresse breitgetreten wurde. Ab und zu kann man auch beobachten, wie Mitarbeiter Unterlagen von Bewerbern in der Straßenbahn oder im Zug studieren – der Sitznachbar wird sich vermutlich noch lange an das Bild, und möglicherweise den Namen und die Adresse des Bewerbers erinnern.

Ähnlich wie mit dem Schreibtisch verhält es sich auch in der Öffentlichkeit: Bearbeiten Sie keine vertraulichen Daten in öffentlichen Verkehrsmitteln. Glauben Sie nicht, dass Ihr Sitznachbar so viel Anstand besitzt, nicht auf Ihre Unterlagen oder Ihren Laptop zu schauen. Oft kann man sich gar nicht dagegen wehren, den Blick darüber schweifen zu lassen. Und siehe da, man erhascht einen Namen, der einem selber vertraut ist, und schon ist man geneigt, doch näher hinzuschauen.

Es mag zwar einige technische Hilfsmittel geben, die das Bildschirmspicken erschweren, aber die wenigsten Nutzer haben diese auf dem Rechner installiert. Stellen Sie also immer sicher, dass niemand mitlesen kann, wenn Sie vertrauliche Daten außerhalb des Büros bearbeiten.

Geschäftliche Telefonate in der Öffentlichkeit

Neben dem Arbeiten an Unterlagen, gibt es noch die Spezialisten, die in der Bahn, für alle gut verständlich, Geschäftsgespräche am Telefon führen. Sollten Sie in öffentlichen Verkehrsmitteln ans Telefon gehen müssen, sprechen Sie in gemäßigter Lautstärke. Bieten Sie am besten einen Rückruf für den Zeitpunkt an, wenn Sie wieder festen Boden unter den Füßen haben. Meist ist dann der Empfang auch um einiges besser und das Gespräch bricht nicht plötzlich ab, weil Sie in einen Tunnel fahren.

Sprechen Sie in der Öffentlichkeit am Telefon oder mit Kollegen niemals über Geschäftspartner mit Vor- und Nachnamen. Wie es der Zufall will, sitzt der Schwager des Betroffenen genau hinter Ihnen und bekommt das ganze Gespräch mit. Sie glauben gar nicht, wie groß die Ohren der Mitreisenden manchmal sein können. Nennen Sie auch keine Firmennamen: Eventuell sitzt jemand hinter oder vor Ihnen, der diese Firma kennt.

> Regel Nr. 35:
> Halten Sie sich in der Öffentlichkeit mit Bemerkungen über Dritte, am Telefon und im persönlichen Gespräch zurück. Und nennen Sie auf keinen Fall Namen von Personen oder Firmen.

Im Auto unterwegs

Wenn Sie Kunden in Ihrem Wagen befördern, sollten Sie Wert darauf legen, dass das Auto außen und innen sauber ist. Im Winter ist dies nicht immer möglich, da schon nach der ersten Fahrt nach der Waschanlage der nächste Salzfilm auf dem Lack liegt. Man erkennt aber am sauberen Innenraum, ob Ihr Auto nicht nur ein Fortbewegungsmittel, sondern sogar Ihr Restaurant ist. Überquellende Aschenbecher, leere Papierschachteln oder Schokoladenpapier im Beifahrerfußraum hinterlassen keinen guten Eindruck. Achten Sie darauf, dass Sie dem Beifahrer beim Einsteigen in Ihr Auto die Tür aufmachen. Es reicht nicht, die Fernbedienung zu betätigen, um die Tür zu entriegeln. Sie sollten sich die Mühe machen und die Tür per Hand öffnen – und zwar von außen. Das gilt auch für Frauen. Sie zeigen damit, dass Sie Ihrem Geschäftspartner Respekt entgegenbringen. Es würde aber zu weit gehen, wenn Sie bei der Ankunft am Ziel aus dem Wagen springen, um diesen herumlaufen und dem Beifahrer die Tür wieder aufhalten. Bleibt der Beifahrer allerdings sitzen, erwartet er diese Geste von Ihnen.

> Regel Nr. 36:
> Achten Sie neben einem sauberen Innenraum Ihres Autos auch darauf, dass Sie Ihrem Gast beim Einsteigen die Tür aufhalten.

Wer sitzt wo?

Beispiel

Sollte Ihr Kunde Sie mitnehmen, kommen Sie bitte nicht auf die Idee, sich auf die Hinterbank zu setzen – wie es ein Geschäftsmann fast einmal getan hätte. Er hatte den Griff der Hintertür bereits in der Hand, als der Kommentar seines Kunden ihn gerade noch mal davon abhielt: „Wenn Sie das machen, können Sie Ihren Auftrag aber vergessen." Zum Glück war das Grinsen im Gesicht des Kunden nach diesem Kommentar ziemlich breit.

Fahren Sie zu zweit, sitzen beide vorne im Wagen. Werden Sie im Taxi chauffiert, sitzt der Ehrengast hinten rechts. Von diesem Platz aus lässt es sich am leichtesten aussteigen, ohne vom Verkehr behindert zu werden. Der Zahlende sitzt hinten links, so dass er die Rechnung begleicht, während der Ehrengast aussteigt. Sind Sie zu dritt oder viert unterwegs, gilt wieder: Der Ehrengast sitzt hinten rechts. Der Zahlende sitzt vorne neben dem Chauffeur und bezahlt am Ende der Fahrt die Rechnung. Die Person, die mit dem Ehrengast am meisten sprechen sollte, sitzt hinten links.

Regel Nr. 37:
Der Ranghöchste bzw. der Gast sitzt im Auto hinten rechts.

Im Flugzeug unterwegs

Im Flugzeug begegnen Sie meist völlig fremden Menschen. Natürlich gilt auch hier: Höflichkeit ist Trumpf! Wer weiß außerdem, welche Kontakte sich entwickeln können?

Small Talk mit dem Sitznachbarn

Beispiel

Es ist der erste Flieger nach Düsseldorf und Sie sind überhaupt nicht in der Stimmung zu sprechen. Ihr Sitznachbar aber schon: Er begrüßt Sie ausgiebig, fragt schnell, versucht über diverse Small Talk-Themen ins Gespräch zu kommen. Sie möchten aber weder über das Wetter noch über die neueste Unternehmensübernahme, von der in der Presse zu lesen war, sprechen – und schauen einfach weiter in Ihre Zeitung. Sind Sie unhöflich?

Das kommt darauf an: Das Mindeste, was Sie machen sollten, ist, Ihren Sitznachbarn freundlich zu begrüßen und zu verabschieden. Immerhin werden Sie einige Zeit neben dieser Person verbringen und im Idealfall sogar einen neuen Menschen kennen lernen. Haben Sie keine Lust zu reden, ist es akzeptabel, sich einfach der Zeitung zu widmen oder die Augen zu schließen. Dieses Zeichen wird jeder verstehen und man wird Sie dann auch nicht ansprechen. Allerdings: Hat Ihr Nachbar bereits ein Gesprächsangebot gemacht, kann es sehr unhöflich wirken, ihn durch einen Blick in die Zeitung „abzuwürgen". Entschuldigen Sie sich mit dem Hinweis, dass Sie einen Artikel gesehen haben, den Sie gerne noch lesen möchten.

Plätze tauschen im Flugzeug?

Bleiben Sie nicht unnötig in den Gängen stehen. Man darf sich gerne die Beine vertreten und sollte dies auch tun, aber einen stundenlangen Plausch mit seinem Kollegen drei Reihen vor Ihnen zu halten, nervt wahrscheinlich denjenigen, der den Gangplatz gegenüber hat und dem Sie die ganze Zeit Ihre Rückseite hinstrecken. Zudem kann es dabei vorkommen, dass Sie versehentlich gegen diese Person stoßen, wenn das Flugzeug in leichte Turbulenzen gerät. Entweder fragen Sie höflich, ob Sie vielleicht Plätze tauschen können – aber nur, wenn jemand alleine reist – oder Sie bewahren sich Ihren Small Talk bis nach dem Flug auf. Übrigens, Sitzplatztausch ist auch nur dann angebracht, wenn man nicht seinen Mittelplatz gegen einen Gangplatz zum Tausch anbietet.

Beispiel

Ein frühere Kollegin saß bei einem Langstreckenflug auf dem bewusst gewählten Gangplatz, als ihr Sitznachbar doch allen Ernstes meinte – er bräuchte eigentlich zwei Plätze– ob sie nicht auf dem Flug nach San Francisco mit ihm tauschen wolle, sie sei doch so viel kleiner.

In so einer Situation sollte man bitte nicht zu höflich sein. Bei allem Respekt gegenüber anderen Menschen – das geht zu weit. Sie müssen nicht auf alle Forderungen eingehen. Auch Sie haben Respekt verdient.

Räumliches Verhalten im Flugzeug

Wenn Sie sich im Flugzeug setzen, halten Sie sich bitte nicht am Vordersitz fest. Meiden Sie diesen Griff, auch wenn Sie aufstehen. Ihr Vordermann ist vielleicht gerade eingedöst und Sie schleudern ihn durch Ihr Aufstehmanöver geradewegs aus seinen Träumen. Stützen Sie sich einfach an Ihrem Sitz bzw. dem des Nachbarn, der gerade für Sie aufgestanden ist, ab. Dann wird keiner gestört.

Darf ich den Ellenbogen meines Flugnachbarn von der Lehne schieben oder soll ich meinen Ellenbogen einfach auch darauf legen? Diese Frage stellt sich zwar nicht in der Business oder First Class, wohl aber in der „Holzklasse". Gerechterweise, sollte der mittlere Platz beide Armlehnen bekommen, da dieser Platz eindeutig der am meisten Beengte ist. Am Fenster kann man sich an die Außenwand lehnen und hat eine ganze Lehne für sich. Und der Gangplatz hat zumindest auf einer Seite Armfreiheit. Räumen Sie also dem Mittelmann etwas Komfort ein. Beherzigen Sie das auch, wenn Sie die obligatorische kostenfreie Zeitung lesen, die es auf fast jedem Flug gibt. Diese möchten vermutlich nur Sie lesen, also breiten Sie sie auch nicht über alle Sitze aus, sondern beschränken Sie sich auf Ihre Sitzbreite.

Regel Nr. 38:
Zeigen Sie Ihren Sitznachbarn Respekt: Begrüßen Sie diese und verabschieden Sie sich von ihnen. Nehmen Sie nicht zu viel Raum ein: Dem auf dem Mittelplatz Sitzenden sollten beide Lehnen zur Verfügung gestellt werden. Zeitung lesen sollte sich auf eine Sitzbreite beschränken und das lange Stehen im Gang, um sich mit Kollegen zu unterhalten, kann sehr störend auf die Nachbarn wirken.

Kommunikation mit Geschäftspartnern

„Wir können nicht nicht kommunizieren." diesen Satz hat der Kommunikationswissenschaftler Paul Watzlawick geprägt. Genau daran knüpfen wir an.

In diesem Kapitel lesen Sie

- wie Sie den perfekten Small Talk führen (S. 84),
- wie Sie am Telefon einen kompetenten Eindruck machen (S. 93) und
- wie Sie auch bei Ihrer schriftlichen Korrespondenz mit Stil überzeugen: in Briefen (S. 104) und E-Mails (S. 128).

Small Talk – wichtiger als viele glauben

Überall, wo sich Menschen begegnen, kommunizieren sie. Im beruflichen Alltag scheint dies so selbstverständlich, dass wir häufig nicht darüber nachdenken, wann und wo dabei Missverständnisse entstehen – und welche Konsequenzen dies für eine Beziehung mit Kollegen, Vorgesetzten und Geschäftspartnern haben kann. Körpersprache und Auftreten haben wir bereits beleuchtet. Wie aber steht es mit der verbalen Kommunikation?

Gut reden zu können, gilt heute als berufliche Qualifikation – und zwar nicht nur für Versicherungsvertreter. Auf Veranstaltungen kann sich schnell ein neuer Kundenkontakt anbahnen und zu einem Auftrag entwickeln. Gut zu wissen, dass schon der Beginn einer Unterhaltung entscheidet, wie das Verhältnis der Gesprächspartner sein wird. Im Small Talk ist immer die nette, unkomplizierte Unterhaltung gefragt. Dieses kurze Gespräch kann eine Minute dauern oder aber mehrere Stunden beim Geschäftsessen. Kommunikative Fähigkeiten im Beruf sind deshalb ebenso wichtig, wie das Fachwissen. Im Small Talk haben Sie es fast immer mit fremden Menschen zu tun. Das Eis zu brechen und das richtige Gesprächsthema zu finden, scheint auf den ersten Blick nicht immer einfach – mit den richtigen Small Talk-Kenntnissen geht es leichter und macht zudem richtig Spaß.

Wie Sie Gesprächspartner finden

Beispiel

Sie sind alleine zu einer Firmenveranstaltung bei Ihrem Kunden eingeladen. Ihre Kontaktperson hat Sie bereits begrüßt, musste aber nach kurzer Zeit weiter, um einen neuen Gast zu begrüßen. Nun stehen Sie mit einem Glas Weißwein in der Hand und orientieren sich, mit wem Sie jetzt sprechen können.

Diese Situation ist vielen bekannt. Wenn man nicht das Glück hat, dass man jemanden vorgestellt wurde: Wie können Sie selbst jemanden ansprechen? Das erste Indiz dafür, dass Menschen angesprochen werden möchten, ist Blickkontakt. Sie merken selber, wenn Sie einen Raum betreten, ob Sie nur flüchtig oder länger von Menschen betrachtet werden. Diejenigen, die Ihnen einen längeren Blick gewähren, könnten schon potenzielle Gesprächspartner sein. Steht eine Person alleine im Raum, suchen Sie ihren Blickkontakt. Der zweite Schritt ist dann die Annäherung mit einer anschließenden Selbstvorstellung.

Beispiel

„Guten Abend, ich sehe, Sie sind auch alleine hier? Ich bin Johan Müller, ein Kunde des Gastgebers." „Guten Abend, ich bin Thorsten Meier und nicht ganz alleine. Mein Kollege holt nur gerade die Getränke." „Oh, dann habe ich wohl falsch gemutmaßt. Woher kennen Sie denn den Gastgeber?"...

Stehen mehrere Menschen zusammen, ist genau auf die Körpersprache zu achten. Bei zwei Personen, die sich gegenüberstehen, ist kein Platz für Sie. Dieses Paar möchte keine weiteren Gesprächspartner dabei haben. Stehen zwei Personen hingegen nebeneinander, heißt dies, hier ist noch Platz für andere Personen. Möchten Sie an einem Gruppengespräch teilnehmen, beachten Sie auch hier, wie die Gruppe zueinander steht. Sieht man nur die Rücken und alle Köpfe stecken geschlossen zusammen, ist kein weiterer Gruppenteilnehmer gewünscht. Sieht man hingegen eine locker bei einander stehende Gruppe, die zwischen den Schultern der Personen viel Raum lässt und deren Kreis geöffnet ist, sind weitere Gesprächsteilnehmer willkommen. Stellen Sie sich in dieser Situation am besten zur Gruppe, hören Sie kurz dem Gespräch zu, und ergreifen Sie die Gelegenheit, einen Kommentar beizutragen, um sich danach der Gruppe kurz vorzustellen.

Regel Nr. 39:
Längerer Blickkontakt verrät, dass der andere für ein Gespräch offen ist. Beachten Sie die Körpersprache von Gruppen und Paaren, die bereits im Gespräch sind, und entscheiden Sie erst dann, ob sie jemanden ansprechen.

Wie Sie ins Gespräch kommen

Beim Small Talk kommt es darauf an, den anderen zum Sprechen zu bringen. Small Talk ist reine Höflichkeit. Nehmen Sie sich einfach einige Minuten zurück und hören Sie dem neuen Gesprächspartner aufmerksam zu. Er wird es Ihnen danken und Sie haben es geschafft, einen ersten Kontakt herzustellen.

Gute Gesprächsthemen

Doch wie bewegen Sie Ihren Gesprächspartner zum Sprechen? Nach der Selbstvorstellung stellen Sie eine offene Frage, die Gemeinsamkeiten zwischen Ihnen betrifft. Die einfachste Variante, Gemeinsamkeiten zu finden, sind drei Bereiche, die Sie verbinden: der Ort, das Umfeld und der Anlass der Veranstaltung oder Begegnung. Auch das Thema Wetter ist gar nicht so abgedroschen, wie Sie denken, hieraus können sich Themen entwickeln wie Urlaub, Wochenendbeschäftigung, Sport oder Hobbys.

Beispiel

Fragen Sie Ihren Gesprächspartner, wie lange er schon in dem Ort lebt oder ob er von dort kommt. Kommen Sie auf diese Weise nicht ins Gespräch, gehen Sie auf das Umfeld ein. Findet die Veranstaltung in einem besonderen Ambiente statt, können Sie die Räumlichkeiten oder das Gebäude ansprechen: „Dieser Rahmen ist ja ganz hervorragend gewählt. Was werden denn sonst für Veranstaltungen hier abgehalten?". Und die dritte Gemeinsamkeit ist der Grund, warum Sie gekommen sind. Sie können fragen, woher Ihr Gegenüber den Vortragenden kennt oder wie er mit dem Einladenden verbunden ist.

Offene Fragen stellen, aktiv zuhören

All diese Fragen sollte man möglichst offen formulieren, also möglichst keine eigenen Statements und keine Fragen, auf die Ihr Gegenüber nur mit ja oder nein antworten kann. Stellen Sie Fragen die mit „wer", „was", „wie", „woher" etc. beginnen. Fragen mit „wieso" oder „warum" sind dabei nicht so geeignet, da Sie damit nach einer Erklärung fragen und der Gefragte sich wie in einem Verhör vorkommen könnte.

Aktiv Zuhören bedeutet, die kleinen nebenbei fallen gelassenen Bemerkungen zu Hobbys, Städten, Ausflügen oder anderen Themen zu registrieren und bei Bedarf darauf zurückzugreifen. Aktiv Zuhören bedeutet aber vor allem, dem anderen den Raum zum Sprechen zu geben und dabei interessiert zu sein. Unterstreichen Sie Ihr Interesse am Gesprächspartner durch Nachfragen und Kopfnicken und fügen Sie ab und zu eine kurze Bemerkung ein wie „ja, aha, hm". Das zeigt, dass Sie bei der Sache sind. Und wenn Sie behaupten, etwas sei interessant, sollten Ihre Augen diese Aussage bestätigen.

Das Gespräch weiterführen

Beispiel

Auf die Frage, woher er den Einladenden kennt, könnte eine Antwort kommen wie: „Wir haben zusammen in Hamburg studiert." Sie können jetzt auf das Thema Studium oder Hamburg einsteigen.

Behalten Sie das jeweils andere Stichwort in Erinnerung. Wenn das Gespräch zu versiegen droht, greifen Sie eventuell darauf zurück.

Regel Nr. 40:
Ort, Umfeld und Anlass der Veranstaltung, auf der Sie Ihren Gesprächspartner treffen, bieten gute erste Anknüpfungsmöglichkeiten. Auch das Wetter ist als Eisbrecher nicht zu missachten, denn daraus lassen sich viele andere Themen entwickeln. Formulieren Sie offene Fragen (woher, wie, was, welche...) und hören Sie aktiv zu.

Tabuthemen

Das kleine Gespräch kann ganz schnell im Desaster enden, wenn Sie die falschen Themen ansprechen. Alle polarisierenden Themen sind tabu. Sobald also möglicherweise zwei verschiedene Meinungen über einen Sachverhalt vorliegen, kann es zum Streitgespräch kommen. Das ist typischerweise bei folgenden Themen der Fall:

- Politik
- Religion
- Und manchmal auch Sport – wir erinnern uns an die „Torwartfrage" zur Fußball-WM 2006!

Im Small Talk wollen Sie sich positiv und sympathisch darstellen, darum sollten Sie auch diese Themen vermeiden:

- Krankheit
- Partnerschaftsprobleme
- allgemeine Probleme, wie z. B. körperliche, etwa Alter oder Gewicht
- Lästern über Dritte
- obszöne Witze

Es geht im Small Talk nicht darum, sich als besonders witzig oder gebildet darzustellen. Fangen Sie also nicht an, den ganzen Abend Witze zu reißen oder die letzte Aufführung im Nationaltheater zu analysieren. Ein Thema anzuschneiden, reicht völlig aus, geht Ihr Gesprächspartner darauf nicht ein, sprechen Sie über etwas anderes.

Vorsicht auch bei absoluten Behauptungen: Sie können sich sehr schnell ins Abseits befördern, wenn Ihr neu gewonnener Gesprächspartner und vielleicht zukünftiger Kunde sich auf den Schlips getreten fühlt. Also hüten Sie sich vor Aussagen wie: „Rotwein unter fünf Euro kann man ja gar nicht trinken." Wer weiß, vielleicht ist der Lieblingswein Ihres Gesprächspartners genau aus dieser Preisliga.

Keine Fachsimpeleien

Ein letztes Tabuthema im Small Talk sind Fachsimpeleien. Sicher, auf einem Fachkongress können Sie davon ausgehen, dass sich alle für das Thema der Veranstaltung interessieren und dann ist es auch angebracht, darüber zu sprechen. Auf allen anderen Veranstaltungen aber ist bei Fachthemen Vorsicht geboten – die Themen sollten der Veranstaltung angemessen sein, auch wenn Sie gerne über Ihr Steckenpferd sprechen.

Beispiel

Ihr Unternehmen veranstaltet alljährlich eine Vernissage. Sie stehen mit einem Kunden zusammen, mit dem Sie schon öfter telefonisch Kontakt hatten – eine gute Gelegenheit, um über den Small Talk die Beziehung zu festigen. Sie sprechen kurz über die ausgestellten Bilder – elektronisch bearbeitete Fotoarbeiten – und kommen dann wie zufällig auf Ihr Lieblingsthema: die verschiedenen Programme zur Fotobearbeitung und deren Vor- und Nachteile.. Außer, wenn Ihr Kunde zufällig das gleiche Hobby hat, wird er das Gespräch vermutlich nicht lange als angenehm empfinden – und sich vielleicht bald einen neuen Gesprächspartner suchen.

Der Grund: Sie signalisieren durch die Beschränkung auf Ihr Lieblingsthema kein Interesse an ihm – aber Interesse zu signalisieren, ist der Schlüssel für einen gelungenen Small Talk.

> Regel Nr. 41:
> Tabu sind polarisierende Themen (Politik, Religion), Krankheiten und Probleme, Beziehungsprobleme, Negatives über gemeinsame Bekannte, Fachsimpelei, obszöne Witze, Behauptungen.

Nicht zu jedem Thema etwas sagen

Lassen Sie sich bloß nicht auf das Glatteis führen, wenn jemand ein Thema anschneidet, von dem Sie keine Ahnung haben. Auf die Frage: „Den Schriftsteller XY kennen Sie doch sicher auch, oder?" sollten Sie ehrlich antworten. Geben Sie ruhig zu, wenn Sie einen Schriftsteller, eine andere Berühmtheit oder ein Buch, einen Film, eine Stadt nicht kennen. Nichts ist unangenehmer als in eine Diskussion verwickelt zu werden, obwohl man keinen blassen Schimmer hat, wovon da gerade gesprochen wird. Wenn Sie in so einem Fall einfach sagen, wie es ist oder sogar nachfragen, um wen oder was es sich handelt, zeigt das wiederum Interesse an Ihrem Gesprächspartner und seinem Thema. Aber fragen Sie bitte nur nach, die Sie das Thema auch wirklich interessiert: Wenn Sie keinen Spaß daran haben, wird es auch kein guter Small Talk. Ihre Gedanken schweifen ab und womöglich sieht man Ihnen das auch an.

Dem Small Talk beenden

Stellt sich noch die Frage, wie man seinen Gesprächspartner wieder höflich verabschiedet bzw. einen Vielredner loswird.

Beispiel

„Bitte entschuldigen Sie mich, ich muss mal kurz verschwinden." Und der, der das sagt, meint, sich zur Toilette verabschieden zu können. Zu dumm nur, wenn sein Gesprächspartner jetzt kontert: "Gut, ich warte hier auf sie" oder sogar vorschlägt mitzukommen.

Es gibt bessere Möglichkeiten sich von seinem Gesprächspartner zu verabschieden. Wenn Sie noch mit einem anderen Kunden oder Kollegen sprechen möchten, sagen Sie einfach wie es ist. Oder versuchen Sie aktiv, den Gesprächspartner an einen Kollegen oder bekannten Kunden zu übergeben. So kann man bei einem aufkommenden Thema eine Brücke schlagen und auf eine andere Person aufmerksam machen, die Sie als Experten bzw. perfekten Gesprächspartner zu diesem Thema ankündigen. Stellen Sie Ihren Gesprächspartner dieser Person vor.

Beispiele

„Ich sehe gerade einen Kollegen/Kunden, den ich gerne noch begrüßen möchte. Sie entschuldigen mich. Ich wünsche Ihnen noch einen schönen Abend."

„Ach, Sie haben vor, einen Segelkurs zu machen? Da kann ich Ihnen einen Spezialisten empfehlen: Herrn Döring, ein Kunde von mir, Segeln ist sein großes Hobby. Lassen Sie mich kurz sehen ... ah, da drüben steht er. Darf ich Sie ihm vorstellen? Er wird sich freuen ... Herr Döring, hier bringe ich Ihnen Frau Peschke – wir haben gerade übers Segeln gesprochen und wie man es am besten lernt, und wir möchten gerne Ihren Expertenrat dazu hören. Darf ich Sie kurz vorstellen?"

Die etwas gemeinere Variante ist es, einen vorbeikommenden Kollegen abzugreifen und ihn Ihrem Gesprächspartner vorzustellen. Bei der Vorstellung sollten Sie wieder einen Grund bzw. das Thema nennen, warum Sie die beiden miteinander bekannt machen.

Gibt es keine Möglichkeit, Ihren Gesprächspartner an eine andere Person abzugeben, können Sie immer noch gemeinsam an die Bar oder zum Buffet gehen. Auf dem Weg dorthin treffen Sie auf andere Personen, bei denen Sie oder auch ihr Gesprächspartner vielleicht hängen bleiben. Oder Sie verlieren sich am Buffet, da Sie oder er dort mit anderen ins Gespräch kommen.

Diese Möglichkeiten sollten Sie auf jeden Fall nutzen, denn auf Veranstaltungen ist es unhöflich. sich den ganzen Abend nur mit einer Person zu unterhalten. Versuchen Sie, möglichst viele Menschen zu kontaktieren.

Small Talk im Ausland

Es mag für den ein oder anderen schwer genug sein, in Deutschland einen Small Talk zu führen. Viele fliegen aber auch in der Weltgeschichte herum, treffen ständig auf neue Kulturen und Gebräuche. Es ist kein Wunder, dass Unsicherheit entsteht, wie man sich wo am besten zu verhalten hat. Aber eine kleine Angst nehmen wir Ihnen schon mal: Wer sich in Deutschland auf dem sozialen und geschäftlichen Parkett sicher bewegt, wird auch im Ausland nicht negativ auffallen. Dennoch sollte man sich gerade bei Kulturen, die uns sehr fremd sind, vorher informieren, was die gröbsten Fettnäpfchen sind und worauf man besonders achten sollte.

Eine kleine Übersicht gibt Ihnen Empfehlungen, worüber Sie in einigen Ländern neben den allgemeinen Tabuthemen lieber nicht sprechen. Ansonsten gelten die gleichen Tipps und Regeln wie im deutschen Small Talk.

Land	Tabuthemen
Australien	Aborigines, Vergleich mit Neuseeland
China	Chinas Politik, Negatives über das eigene Land, Pressefreiheit
UK	Irland-Konflikt, Negatives über Königsfamilie
Frankreich	Basken, Vergleich mit Deutschland
Italien	Mafia, Nord-/Süd-Italien-Konflikt
Skandinavien	Vergleich der skandinavischen Länder, Alkoholproblematik, Wal- und Robbenfang
USA	Außenpolitik der USA
Vereinigte Arabische Emirate bzw. die meisten Länder im arabischen Raum	Fragen nach der Familie, vor allem nach der Frau, Terrorismus, politische Situation

Am Telefon höflich und souverän

Kennen Sie das auch, dass Sie manche Kunden erst nach langer Zeit persönlich kennen lernen? Wie viele Ihrer Geschäftskontakte beginnen am Telefon? Telefonieren ist Kommunikation ohne Körpersprache, heißt es oft. Doch diese Definition stimmt nicht ganz. Denn der Telefonpartner am anderen Ende kann Ihre Haltung über Ihre Stimme wahrnehmen.

Beispiel

In Call-Centern steht zur Kontrolle der Gesichtszüge ein Spiegel an jedem Arbeitsplatz und die Call-Center-Angestellten tragen Business-Kleidung, um die nötige Kompetenz am Telefon auszustrahlen. Somit fühlen sich die Beschwerdenehmer auch in brenzligen, unangenehmen Situation selbstsicher und sind nicht so schnell angreifbar, da sie sich in ihrer „Haut" gut fühlen.

Lächeln Sie am Telefon, das verleiht Ihrer Stimme die nötige Freundlichkeit. Bilden Sie keine zu langen Sätze. Mehr als 10 Worte sind am Telefon schwer zu verfolgen. Achten Sie darauf, dass Sie in Ihren Aussagen verbindlich sind.

> Regel Nr. 42:
> Legen Sie darum beim Telefonieren sehr großen Wert auf Ihre Stimme und darauf, wie Sie das ausdrücken, was Sie zu sagen haben. Ihre Stimme sollte deutlich und klar sein.

Auf den Gesprächspartner eingehen

Bevor Sie zum klingelnden Telefon greifen, schließen Sie den Gedanken ab, den Sie gerade hatten. Schreiben Sie den Satz zu Ende, den Sie gerade begonnen hatten und heben Sie dann erst den Hörer ab. Sie sollten mit den Gedanken ganz beim Anrufer sein.

Ein Gespräch bewegt sich immer auf zwei verschiedenen Ebenen. 20 % eines Gespräches finden auf der sachlichen Ebene statt und 80 % auf der emotionalen. Der größte Teil der Kommunikation findet auf der emotionalen Ebene statt, ohne dass dieser im Normalfall große Beachtung geschenkt wird.

Bei Konflikten ist der emotionale Bereich zunächst zentral. Sich auf dieser Ebene sicher zu bewegen, ist die Herausforderung des Profis. Es ist besonders wichtig, auf den Gesprächspartner einzugehen und sich in seine Situation zu versetzen. Wenn der andere den Eindruck hat, dass er verstanden wird, lässt er sich mitnehmen auf die Sachebene. Für den Beschwerdenehmer im Telefonat bedeutet dies, eigene Einstellungen und Gefühle zu beherrschen und lösungsorientiert zu kommunizieren.

Fauxpas beim Telefonieren

Beispiel

Sie rufen bei einer Firma an, um einige Informationen einzuholen. Das Telefon klingelt und schon meldet sich jemand, dessen Namen Sie leider nicht verstanden haben. Sie fragen nach, ob Sie auch dort angekommen sind, wo Sie hin wollten. Der Angerufene klingt jetzt leicht genervt, bestätigt Ihnen aber Ihre Frage. Nun kommen Sie zu Ihrem Anliegen und fragen nach der gewünschten Information. Ihr Gegenüber scheint zu rauchen, denn Sie hören, wie der Rauch vor der Antwort ausgepustet wird. „Einen Augenblick, da muss ich mal nachfragen." Es raschelt laut an Ihrem Ohr und Sie hören, wie jetzt hinter vorgehaltener Hand in den Raum gefragt wird: „Du, ich hab da jemanden dran, der möchte wissen, wie das ...." Spätestens an dieser Stelle fühlen Sie sich nicht mehr wirklich willkommen. Haben Sie gerade gestört?

In solche unerfreulichen Situationen zu geraten, bleibt uns leider nicht immer erspart. Aber Sie selbst können es ja besser machen. Absolute Don'ts in einem Telefongespräch sind vor allem:

- Essen
- Trinken
- Rauchen
- Gelangweilt oder gestresst klingen
- Undeutliche Telefonmeldung und Aussprache
- Während des Telefonats im Computer tippen, es sei denn, Sie müssen für den Kunden etwas nachschauen.

Sehr unangenehm ist auch das Nachfragen bei Kollegen, ohne dabei die Wartetaste zu betätigen. Der Anrufer bekommt sämtliche Kommentare und eventuell sogar Gespräche im Hintergrund mit.

Killerphrasen am Telefon

Den Namen des Anrufers nicht verstanden

Wenn Gesprächsteilnehmer den Namen des Anrufers nicht verstanden haben, hört man oft die Wendung: „Wie war noch mal Ihr Name?". Es gibt bessere Lösungen.

Beispiel

Sie haben bei einer Firma angerufen und wollen Ihrem Gesprächspartner Ihr Anliegen vortragen, doch Sie werden unterbrochen: „Wie war noch mal Ihr Name?" Eine schönere Formulierung wäre auf jeden Fall: „Verzeihung, können Sie mir Ihren Namen noch mal sagen, ich habe ihn leider nicht verstanden." Immerhin sind Sie inzwischen nicht am Telefon verstorben. Oder einfach: „Wie ist ihr Name?" Klüger ist es, um die Buchstabierung zu bitten – gerade, wenn es sich um schwierige Namen handelt: „Entschuldigen Sie bitte, können Sie mir Ihren Namen buchstabieren?"

Anrufer für abwesende Kollegen

„Nein, Frau Mustermann ist nicht da." – Dieser Killerphrase bedienen sich Mitarbeiter manchmal, wenn sie ans Telefon von abwesenden Kollegen gehen. Da Sie die Durchwahl gewählt haben und nun jemand anderes abnimmt, ist Ihnen das wahrscheinlich auch aufgefallen. Diese Aussage hilft also überhaupt nicht weiter.

Beispiel

Ein Kunde ruft an und will eigentlich Ihre Kollegin sprechen. Die hat aber einen Termin und deshalb die Anrufe auf Ihren Apparat umgeleitet. Sie bieten eine Lösung an: „Tut mir leid, Frau Mustermann ist in einer Besprechung. Kann sie Sie zurückrufen? Ich denke, in einer Stunde ist sie wieder hier." Sie notieren den Namen, die Rückrufnummer und den Grund bzw. ein Stichwort, damit Frau Mustermann weiß, worum es bei dem Rückruf geht.

Den Anrufer um Geduld bitten

„Da muss ich mir erst die Unterlagen holen." Diese „freundliche" Aussage hört man relativ häufig am Telefon. Merken Sie sich bitte: Das Wörtchen „muss" hat nichts im Telefonwortschatz zu suchen. Solch eine Aussage klingt gerade so, als wäre es eine Last zu arbeiten. Formulieren Sie Ihre Aussage aktiv: „Einen Augenblick, ich hole mir die Unterlagen."

Dem Anrufer nicht weiterhelfen

„Da kann ich Ihnen gar nicht helfen." Schön, und was nun? Soll der Anrufer wieder auflegen und selber sehen, wie er zurecht kommt? Schaffen Sie nicht Probleme, sondern Lösungen! Wenn Sie nicht der richtige Ansprechpartner sind, verbinden Sie ihn in die jeweilige Fachabteilung.

Beispiel

„Ach, da bin ich nicht der richtige Ansprechpartner. Ich verbinde Sie in die Buchhaltung, die Kollegen können Ihnen bestimmt weiterhelfen." Sollte es keine Abteilung geben, die den Sachverhalt des Anrufers klären kann, schlagen Sie vor, sich schlau zu machen und ihn wieder zurückzurufen.

Wenn Sie jemanden weiter verbinden, sagen Sie ihm bitte, was Sie mit ihm tun. Nichts ist schrecklicher, als auf einmal in eine Warteschlaufe gedrückt zu werden, und plötzlich meldet sich jemand, von dem Sie keine Ahnung haben, wer oder was er ist. Nehmen Sie sich die Zeit und informieren Sie den Kollegen, zu dem Sie das Telefonat durchstellen, vorher kurz über die Anfrage.

Regel Nr. 43:
Vermeiden Sie eingeschliffene Floskeln. Formulieren Sie aktiv – dadurch schaffen Sie Lösungen, keine Probleme. Und: Lächeln Sie – das hört man! Sprechen Sie den Gesprächspartner mit Namen an. Das ist persönlicher und schafft eine vertraute Atmosphäre.

Sinnvolle Telefonmeldung

Beispiele

"Guten Tag, Muster AG, mein Name ist Maria Zimmermann, was kann ich für Sie tun?" oder

„Hallo?" oder

„Ja, Kunze!" – Wie melden Sie sich am Telefon?

Alle drei Telefonmeldungen sind negativ behaftet. Die erste ist eindeutig zu lang und eventuell noch für ein Call Center möglich. Bei der zweiten Meldung stellt man sich als Anrufer die Frage, ob man auch wirklich richtig ist. Und die dritte Meldung klingt so unfreundlich, dass man das Gefühl hat, zu stören. Es gibt die verschiedensten Telefonmeldungen – leider auch innerhalb einer Firma. Eine einheitliche Telefonmeldung zu vereinbaren, ist da angebracht. So erkennt der Anrufer sofort, dass er dort angekommen ist, wo er hin wollte.

Einen Anruf entgegennehmen

Sinnvoll ist es, die weniger wichtigen Dinge zuerst zu nennen. Allein deswegen, weil es sein kann, dass man bereits anfängt sich zu melden, obwohl der Hörer noch nicht ganz am Ohr angelangt ist. Deshalb sollte eine Telefonmeldung wie folgt aussehen: Begrüßungsformel, Firma, Vorname, Nachname. In der Zeit kann sich der Anrufer schon auf Ihre Stimme einstellen und bekommt das Wichtigste, nämlich Ihren Namen, am Ende mit. So hat er die Möglichkeit, Sie mit Ihrem Namen anzusprechen. Nachsätze wie: „Was kann ich für Sie tun?" sind meist zu viel des Guten. Dies sind Call

Center-Meldungen und sie haben bei einer normalen Telefonmeldung nichts zu suchen.

Selbst anrufen

Wenn Sie jemanden anrufen, melden Sie sich mit Tagesgruß und nennen Sie Ihren Vornamen und Namen. Wenn Sie dabei bereits den Namen des Angerufenen einbauen, bringt das einen zusätzlichen Bonus: „Guten Tag, Frau Mustermann, hier ist Max Musterfrau. Ich bin von der Firma XY und habe folgendes Anliegen." Ihr Gegenüber kann sich so besser an Ihre Stimme gewöhnen.

Bereiten Sie sich auf das Telefonat vor. Auch wenn mal der Anrufbeantworter angeht, legen Sie nicht schnell wieder auf. Überlegen Sie sich schon vorher eine Formulierung. Machen Sie sich in jeden Fall Gedanken darüber, was Sie vom Angerufenen möchten.

> Regel Nr. 44:
> Als Telefonmeldung sind Grußformel, Firma und Vor- und Nachname sinnvoll.

Verhalten bei schwierigen Gesprächen

Bei Reklamationen oder Beschwerden sollte man als erstes versuchen, den Gesprächspartner von der emotionalen auf die sachliche Ebene zu führen.

Die wichtigsten Techniken

Hierfür bieten sich unterschiedliche Techniken an:

- Isolationstechnik: Sie trennt die Person von der Sache. Nicht mehr ich als Person bin verantwortlich. Es werden keine Ich-Du-Botschaften ausgetauscht. Nicht: „Ich werde Ihren Termin nicht einhalten können." Sondern: „Der Termin ist nicht einzuhalten."
- Verdichtungstechnik: Es kommt jedoch vor, dass der Gesprächspartner weiterhin auf seinem Wunsch beharrt und die Auskunft nicht akzeptiert. Besteht wirklich keine andere Möglichkeit, ist es wichtig zu zeigen, dass das Anliegen verstanden wird. Wiederholen Sie die Aussage. „Ich verstehe Ihren Zeitdruck, der Termin ist jedoch nicht einzuhalten." ... „Nein, wir haben diese Woche keinen Termin mehr frei." – „Geht es wirklich nicht?" – „Nein, tut mir leid." Hier ist der Einsatz der Stimme besonders wichtig. Geben Sie Ihrer Stimme Nachdruck. Dies erreichen Sie durch einen ernsten Gesichtsausdruck am Telefon. Am Ende der Verdichtung kann ein klares „nein" stehen.
- Schweigetechnik: Machen Sie nach Ihrer Aussage eine kurze Pause. Das gibt dem Anderen Zeit, sich mit der Situation anzufreunden. Besteht er jedoch weiter auf seinem Wunsch, wird die Aussage verkürzt bis hin zum Schweigen.

Eine ganz ähnliche Technik wird in Telefongesprächen eingesetzt, wenn jemand erzürnt anruft.

Beispiel

Ein wütender Kunde ruft bei Ihnen an und macht sich gleich Luft: „Wie konnten Sie mir nur ein solches Angebot schicken? Das lasse ich mir von Ihnen nicht bieten – ..." Lassen Sie ihn sprechen oder schreien. Meist folgt auf Ihr Schweigen die Frage: „Sind Sie noch dran?" Sie bestätigen dies und sagen, Sie hören ihm zu. Oft ist dann schon der erste Ärger verpufft.

Gesprächsabbruch

Es kommt vor, dass ein Gesprächspartner Sie persönlich angreift. Dann ist es wichtig, erst einmal freundlich zu bleiben.

Beispiel

"Sie werden gerade persönlich. Ich denke nicht, dass Sie das beabsichtigen." Wenn er darauf nicht reagiert und das Gesprächsverhalten sich nicht ändert, sprechen Sie ihn ruhig und sachlich an: "Es tut mir leid, auf dieser Ebene können wir nicht weiter reden."

Hilft das alles nichts, bleibt er aufgebracht und wird persönlich, können Sie zum letzten Mittel greifen – brechen Sie das Gespräch ab: „Ich werde dieses Gespräch jetzt beenden." Sagen Sie so etwas bitte erst, nachdem Sie alles versucht und deutlich Verständnis für die Situation des Gesprächspartners gezeigt haben.

Ruhig und souverän bleiben

Die meisten schwierigen Gespräche enthalten psychologische Aspekte, die man beachten sollte:

- Der positive Einsatz der Stimme ist hier das zentrale Thema. Gerade bei der Annahme einer Beschwerde ist eine zugewandt klingende, aufmerksame und ruhige Stimme von großem Gewicht.

- Stressige Gespräche – egal ob Beschwerden oder Verhandlungen am Telefon – meistern Sie besser, wenn Sie aufstehen und umhergehen. Ihre Stimme hat mehr Volumen und Ausdruck. Sie wirken souveräner.
- Bleiben Sie ruhig und hören Sie genau zu. Damit beeinflussen Sie das Gespräch. Ebenso übrigens, indem Sie es vermeiden, Dinge klarzustellen und Behauptungen zurückzuweisen. Solange sich der Gesprächspartner hauptsächlich auf der emotionalen Ebene bewegt, ist ein sachliches Argumentieren nicht möglich. Das Gespräch würde erst recht eskalieren.
- Erst wenn der Gesprächspartner ruhiger wird, beginnen Sie mit der lösungsorientierten Gesprächsführung.

> Regel Nr. 45:
> Achten Sie gerade bei schwierigen Gesprächen darauf, dass Ihre Stimme aufmerksam und souverän klingt. Sie fördern dies, indem Sie aufstehen und im Raum umhergehen. Setzten Sie Gesprächstechnicken ein wie Isolation, Schweigen, Verdichtung oder – als äußerstes Mittel – Gesprächsabbruch.

Wie Sie lästige Anrufer loswerden

Wer kennt sie nicht? Die Anrufer, die uns eine neue Geldanlage oder andere schöne Dinge vermitteln möchten. Die sinnvollste Variante, diese Anrufer loszuwerden, ist eine klare freundliche Aussage:

Beispiele

„Vielen Dank für Ihr Angebot. Ich habe kein Interesse, da ich in diesem Bereich bereits gut versorgt bin." Eine andere Variante ist die, sich Unterlagen zusenden zu lassen. Es könnte ja durchaus etwas Interessantes für Ihr Unternehmen sein. Geben Sie danach aber schnell eine definitive Zu- oder Absage.

Die Aussage, der Anrufer solle sich doch nächste Woche noch mal melden, bringt gar nichts. Damit haben Sie das Problem nicht gelöst, sondern nur aufgeschoben. Und seien Sie sich sicher: Ein guter Vertriebsmann ruft Sie auch nach einem Monat noch mal an.

Regel Nr. 46:
Schieben Sie unangenehme Anrufer nicht auf die lange Bank. Sagen Sie, dass Sie kein Interesse haben und begründen Sie es.

Handy-Etikette

Für die Nutzung des Handys im täglichen Umgang im Job gelten noch einige ergänzende Regeln:

- Wenn Sie in einem Meeting das Handy anlassen müssen, weil Sie einen dringenden Anruf erwarten, informieren Sie alle Teilnehmer. Stellen Sie den Rufton vorher auf lautlos und gehen Sie zum Telefonieren aus dem Meetingraum. Legen Sie das Telefon nicht auf den Tisch, sondern behalten Sie es in der Brust- oder Hosentasche.
- Wählen Sie einen dezenten Klingelton.
- Die Mailbox-Ansage sollte von Ihnen persönlich aufgesprochen sein.

- Kommt ein Anruf ungelegen, drücken Sie ihn nicht einfach weg, sondern nehmen Sie ihn an und bieten Sie einen Rückruf an.
- Geschäftskontakte finden zwischen 8:00 bis 18:00 Uhr je nach Branche statt. Absolute Tabuzeiten sind zwischen 22:00 und 08:00 morgens.
- Unterdrückte Nummern sind unseriös. Man glaubt, Sie haben etwas zu verbergen.

Schriftliche Korrespondenz – stilvoll und zeitgemäß

Kundenorientierte Korrespondenz sollte kurz, konkret und positiv sein. Doch offenbar fällt es vielen Menschen schwer, beim Schreiben den richtigen Ton zu treffen. Dabei sollten wir uns im Geschäftsleben bewusst machen, dass schlecht geschriebene Briefe oder E-Mails am Ende das Image des Unternehmens schädigen. Sie kommen bei anderen besser an, wenn Sie bestimmte Regeln beachten. Auch wenn hinter ungeschickten Formulierungen oder inhaltlichen Nachlässigkeiten keine böse Absicht stecken, können sie das Verhältnis zum Empfänger empfindlich stören.

Deshalb ist es wichtig, auch die schriftliche Korrespondenz kunden- und serviceorientiert und im Unternehmen einheitlich zu gestalten. Wer auf die äußere Form achtet, hinterlässt einen professionellen Eindruck und wird ernst genommen.

DIN 5008 oder aus Norm wird Form

Ja, es existiert tatsächlich eine DIN-Norm für das Verfassen von Geschäftsbriefen. Die gute Nachricht ist, es handelt sich hierbei um eine Empfehlung. Die Schreib- und Gestaltungsregeln für die Textverarbeitung (DIN 5008) bilden die Grundlage für professionelle Schriftstücke in Wirtschaft und Verwaltung. Sekretärinnen und Bürokaufleute werden in der Ausbildung auf diese Norm getrimmt und das ist von Vorteil. So läuft Ihr Unternehmen nicht Gefahr, unzählige selbst kreierte Briefformate in Umlauf zu bringen.

Anschrift

Die Anschrift für Privatpersonen im Inland enthält

1. die Anredeform: Herrn / Frau
2. Titel und Grade (falls vorhanden), Vorname, Name
3. Straße oder Postfach und Nummer
4. Postleitzahl und Ort

Fügen Sie zwischen Straße und PLZ/Ort keine Leerzeile mehr ein, Sie erleichtern so die Maschinenlesbarkeit der Anschrift bei der Post.

Beispiel

Hanseatische Versicherungen
Herrn Siegfried Herrmann
Hauptstr. 17
63254 Frankfurt

Dies ist ein typischer Firmenbrief, da die Firma zuerst genannt wird – er wird geöffnet an Herrn Herrmann weitergeleitet. Das Wort "Firma" wird heute nicht mehr erwähnt: „Anton Müller & Co KG" ist richtig, "z. Hd." für "zu Händen" ist out und wird weggelassen, "c/o" für "care of" (in der Obhut von) ebenfalls.

Beispiel

Frau
Martina Ebers
Stadtsparkasse Mannheim
Rathausstr. 17
68254 Mannheim

Hierbei handelt es sich um einen Privatbrief, denn der Name ist zuerst genannt – er wird ungeöffnet an Frau Ebers weitergeleitet. Der Vermerk „persönlich" oder „vertraulich" muss nicht extra aufgeführt sein. Allein die Nennung des Namens an erster Stelle reicht für diesen Sachverhalt aus.

Das D für Deutschland vor der Postleitzahl bei innerdeutschen Anschriften fällt übrigens weg. Auch bei internationalen Anschriften wird das Bestimmungsland nicht mit einem Länderkürzel angegeben, sondern mit dem vollen Ländernamen. Bei der Auslandsanschrift werden Bestimmungsort und -land in Großbuchstaben geschrieben.

Beispiel

Rocher Arzneimittel
Züricher Strasse 123
4051 BASEL
SCHWEIZ

Schreiben Sie bei Briefen ins Ausland nach Möglichkeit den Namen der Stadt in der Landessprache. Also statt „Mailand" besser „Milano". Sie erleichtern damit der Post vor Ort die Zuordnung der Briefe.

Formulierungen wie „Eheleute" und das ehefrauenfeindliche „Herrn und Frau Klaus Hinze" sind altmodisch. Gleiches gilt für Wendungen wie „Familie Jürgen Kramer". Eine solche Anschrift ist unzeitgemäß. Die Anschrift „Familie Kramer" hingegen ist noch gängig, aber recht unpersönlich. Zeitgemäß dagegen sind:

Beispiele

Herrn und Frau Jürgen und Christina Kramer
Frau und Herrn Christina und Jürgen Kramer
Herrn Jürgen und Frau Christina Kramer
Frau Christina und Herrn Jürgen Kramer
Frau Dr. med. Maria Koch-Huber und Herrn Dr. Axel Koch

Bei akademischen Titeln und Adelstiteln

In der Anschrift werden die akademischen Titel genannt, also nicht nur „Dr." und „Prof.", sondern auch „Dipl.-Ing." oder „Diplom-Kaufmann" und „M.A." – bei Titelhäufung allerdings nur die ranghöchsten Titel. In der schriftlichen Anrede wird aber wie in der mündlichen Anrede nur der höchste Titel verwendet. In der Anschrift dürfen Sie beide Titel abkürzen, in der Anrede schreiben Sie „Professor" aus, "Doktor" können Sie auch hier abkürzen. Verzichten Sie auf Spezifizierungen wie "h. c." oder "med.". Die Titel „Dipl.-Ing." oder „Diplom-

Kaufmann" und „M.A." werden in Deutschland in der Anrede nicht genannt.

Beispiel

Anschrift: Herrn Prof. Dr. Anton Müller

Schriftliche Anrede: Sehr geehrter Herr Professor Müller

Bei Adligen werden in der Anschrift alle Adelstitel aufgeführt.

Beispiel

Anschrift: Frau Maria von Hohenadel oder

Frau Mathilde Gräfin von Falkenberg

Schriftliche Anrede: Sehr geehrte Mathilde Gräfin von Falkenberg,

Bei Amts- und Würdenträgern

Wenn Ihnen die Amtsbezeichnung einer Person bekannt ist, setzen Sie diese in der Brief-Anschrift auch ein. Achten Sie aber unbedingt darauf, dass die Angabe auch wirklich noch aktuell ist.

Beispiel

Herrn Dr. Holger Mann

Vorsitzender des Verbands der Metallindustrie

Repräsentanten des Staates werden mündlich und schriftlich mit ihrer Amtsbezeichnung angesprochen.

Beispiel

Herrn Bundespräsident
Horst Köhler
Bundespräsidialamt
Spreeweg 1
10557 Berlin
Anrede: Sehr geehrter Herr Bundespräsident

Nach Beendigung ihrer Amtszeit werden Repräsentanten des Staates mündlich und schriftlich mit ihrem Namen bzw. akademischen Titeln angesprochen. Der ehemalige Bundeskanzler Helmut Kohl wird demnach mit „Herr Dr. Kohl" angesprochen und nicht mit „Herr Bundeskanzler a. D." In der Brief-Anschrift wird das „a. D." jedoch weiterhin benutzt.

In der Diplomatie

Botschafter sind die höchsten Vertreter ihres Landes im Ausland. Gehen Sie deshalb mit viel Umsicht und Respekt mit deren Anreden um. In der Anschrift sprechen Sie Botschafter immer an mit:

Botschafter: Seine Exzellenz
Botschafterin: Ihre Exzellenz
Botschafter-Ehepaar: Ihre Exzellenzen

In der Anrede genügt ein „Herr Botschafter" bzw. „Frau Botschafterin".

Beispiel

Anschrift:
Seiner Exzellenz
dem Botschafter der USA
William R. Timken jr.
Neustädtische Kirchstr. 4-5
10117 Berlin
Schriftliche Anrede: Sehr geehrter Herr Botschafter ...

Bei einer Einladung schreiben Sie:
Seine Exzellenz
Herrn Botschafter
(akademischer Grad) Vorname Nachname
Ehemalige Botschafter/innen sprechen Sie mündlich und schriftlich mit ihren akademischen Graden und Namen an. In der Anschrift verweisen Sie auf die ehemalige Funktion.

Beispiel

Frau
Dr. Annemarie Schäfer
Botschafterin a. D.
Strasse
PLZ Ort
Schriftliche Anrede: Sehr geehrte Frau Dr. Schäfer,....

Ziffern und Zahlen

Gliedern Sie Telefonnummern funktionsbezogen durch je ein Leerzeichen (Anbieter, Landesvorwahl, Ortsnetzkennzahl, Anschluss). Zur besseren Lesbarkeit dürfen funktionsbezogene Teile von Telefon- und Telefaxnummern durch Fettschrift oder Farbe hervorgehoben werden. Nummern werden in Zweier-Schritten von einander getrennt. Geht das nicht auf, bleiben die ersten drei Nummern zusammen, z. B. 0049-89-654 22 50. Enthält eine Sondernummer eine Ziffer für die Gebührenzählung, steht davor und dahinter ein Leerzeichen, z. B. 0180 5 778899. Gerade im internationalen Geschäft sollten Sie die Telefonnummer mit der deutschen Vorwahl angeben.

Geldbeträge sollten aus Sicherheitsgründen 3-stellig mit Punkt gegliedert werden, z. B. 9.599,00 €.

Regel Nr. 47:
Beachten Sie die wichtigsten Formalia: In der Anschrift gibt es keine Leerzeile mehr zwischen Straße und Ort. Bei Titeln ist die Anrede im Brief oft anders als im Anschriftenfeld. Kürzel wie „z. Hd." oder „c/o" in der Anschrift sind ebenso veraltet wie „Betr." in der Betreffzeile. Telefonnummern werden in Zweier-Schritten getrennt.

Wie Sie Schreiben attraktiver und persönlicher gestalten

Übersichtliche Textaufteilung

Achten Sie auf eine lesefreundliche und übersichtliche Textmenge und -aufteilung. Lange, überfüllte Seiten ermüden den Leser schnell. Wenn Sie auf ein Wort oder eine Aussage im Text aufmerksam machen möchten, stellen Sie die Worte fett dar, statt sie zu unterstreichen. Unterstreichungen sind schwerer lesbar.

Bei Aufzählungen verwenden Sie pro Aufzählungslevel einheitliche Zeichen. Fügen Sie vor und nach einer Aufzählung eine Leerzeile ein. Auf den manchmal noch üblichen Vermerk "Betr.:" verzichten Sie. Die Zeile und sein Inhalt bleiben aber bestehen und werden meist mit Fettschreibung hervorgehoben.

Türöffner im Brief

Die Klassiker „hiermit möchte ich Ihnen ..." oder „Bezug nehmend auf ..." sind verstaubt und abgegriffen. Es gibt schönere Varianten, einen Brief zu beginnen. Versuchen Sie, den Empfänger positiv anzusprechen und ihn einzufangen. Anfänge wie: „vielen Dank, dass Sie so schnell auf meine Anfrage reagiert haben ..." oder „über das freundliche und offene Telefonat habe ich mich sehr gefreut. Ich schicke Ihnen wie vereinbart ..." lockern jeden Briefbeginn auf. Vermeiden Sie, mit „ich" oder „wir" zu beginnen.

Beginnen und enden Sie außergewöhnlich. Die meisten Briefe beginnen mit „Sehr geehrte Frau Meier" und enden „Mit freundlichen Grüßen". Die Grußformeln am Textanfang und -ende können je nach Grad der Bekanntheit persönlicher formuliert werden. Damit schaffen Sie eine angenehme Atmosphäre und können den Empfänger positiv überraschen.

Beispiele

Liebe Andrea Meier

Guten Morgen, liebe Frau Bauer

Willkommen zuhause, lieber Herr Becker, hatten Sie einen schönen Urlaub?

Danke für den Auftrag, liebe Frau Huber

Viele herzliche Grüße

Es grüßt Sie Ihre...

Für heute herzliche Grüße

Es grüßt Sie bis zum nächsten Mal

Herzliche Grüße, bitte auch an Herrn Müller

Besten Dank und freundliche Grüße

Herbstliche Grüße aus München

Beste Grüße

Wichtig: Hinter der Verabschiedungsformel steht nie ein Komma!

Kein Fachchinesisch

Wie viele Fachausdrücke oder Anglizismen benutzen Sie, ohne dass es Ihnen noch auffällt? Sprechen Sie nicht von „maßgeschneiderten Solutions" oder einem „erwarteten Statement", auch wenn es schon fast Umgangssprache geworden ist. Vermeiden Sie firmeninterne Abkürzungen. Ein 3-Letter-Code (z. B. LAX, MUC oder PDA) ist schnell geschrieben, aber der Empfänger weiß vielleicht nicht, ob Sie damit einen Flughafen oder eine Abteilung meinen.

Ihre Unterschrift

Vergessen Sie bei Briefen nie, Ihren Namen unter Ihrer Unterschrift zu wiederholen, damit der Empfänger diese nicht mühsam entziffern muss. Und beachten Sie mögliche Zusätze, wie Ihre Position im Unternehmen. Steht nämlich nichts unter Ihrem Namen, geht man davon aus, dass Sie die Geschäfte in dem Unternehmen führen.

Anlagen

Bitte benennen Sie die Anlagen explizit. Dies erleichtert dem Empfänger bei Bedarf später das Auffinden. Allerdings sollten Sie dabei vermeiden zu sagen: „in der Anlage finden Sie..." Ein Verweis auf die Anlagen unten am Briefende reicht völlig aus.

Das PS

Das bekannte „PS.:" ist die korrekte Abkürzung für Postskriptum (lat. Nachschrift). Diese Zeile steht etwas abgesetzt vom Briefschluss. In Privatbriefen werden hier Gedanken nachgetragen, die man im Brief vergessen hat. Im Geschäftsbrief wird das PS benutzt, um auf Werbung oder Organisatorisches hinzuweisen. Die PS-Zeile wird fast immer gelesen. Also scheuen Sie sich nicht, dieses Werbemittel einzusetzen.

> Regel Nr. 48:
> Schreiben Sie empfängerorientiert: Kurze, gut gegliederte Schreiben, persönliche Grußformeln und weniger Fachchinesisch und eine interessante PS-Zeile machen Ihr Schreiben für den Empfänger attraktiv.

Verschiedene Anlässe

Egal, ob Anfrage, Absage oder Mahnung – das typische Bild vieler Briefe ist immer noch sehr förmlich und klingt sehr nach Amtsdeutsch. Geben Sie Ihren Briefen ruhig einen persönlichen Anstrich und sprechen Sie mit der Sprache Ihres Unternehmens.

Anfragen genau formulieren

Die Formulierung einer Anfrage sollte so eindeutig und klar sein, dass der Empfänger sofort weiß, was genau Sie anfragen. Fordern Sie also nicht einfach nur „Informationsmaterial" bei einem Unternehmen an, das eine große Produktpalette hat, damit lösen Sie unnötige Fragen beim Adressaten aus. Formulieren Sie Ihr Anliegen eindeutig.

Freundliche Absagen

Es gibt viele Firmen, die eine Absage lieber durch Schweigen ausdrücken. Negatives wird nicht gerne übermittelt. Liegt es daran, dass der Übermittler schlechter Nachrichten zu Römerzeiten meist umgebracht wurde? Wir wissen es nicht. Eine Absage kann viele Gründe haben. Auf jeden Fall demonstriert es Ihren erstklassigen Stil, wenn Sie schriftlich absagen. Bedanken Sie sich dafür, dass Ihnen jemand einen Kostenvoranschlag erstellt, Sie eingeladen oder bei einem Angebot berücksichtigt hat, und äußern Sie aufrichtiges Bedauern, dass Sie das Angebot nicht annehmen können – oder verzichten Sie darauf, falls es nicht ehrlich ist. Nennen Sie aber unbedingt den Grund Ihrer Absage.

Möchten Sie nach einem angeforderten Angebot absagen, begründen Sie Ihre Entscheidung. Nennen Sie die kritischen Punkte im Angebot mit Formulierungen wie:

Beispiele

„Leider müssen wir Ihr Angebot ablehnen, da uns die Funktion ... besonders wichtig ist, die Ihr Gerät nicht bietet."

„Nachdem wir alle Angebote verglichen haben, haben wir uns für einen anderen Anbieter entschieden. Er kann den gewünschten Leistungsumfang zu günstigeren Konditionen liefern."

„Vielen Dank für Ihre Einladung zum jährlichen Unternehmerball. Ich habe mich sehr darüber gefreut. Leider kann ich diesen Termin nicht wahrnehmen, würde mich aber freuen, im nächsten Jahr wieder dabei zu sein..."

Eine Standardabsage ist meist nicht befriedigend bzw. aussagefähig genug, so dass Sie oft einen Anruf vom Anbieter bekommen und sich nun in lange Diskussion am Telefon verstricken. Sagen Sie doch gleich, was Sache ist. Sie erleichtern sich selbst das alltägliche Geschäft.

Zusagen

Mit einer schriftlichen Zusage unterstreichen Sie deren Verbindlichkeit. Möchten Sie eine Einladung annehmen, tun Sie dies spätestens bis zum angegebenen Termin. Fehlt eine Fristangabe, reagieren Sie so schnell wie möglich. Jeder Organisator einer Veranstaltung möchte möglichst früh wissen, mit wie vielen Gästen er zu rechnen hat. Eventuell gibt es sogar noch einen zweiten Einladungslauf, wenn zu viele wichtige Gäste abgesagt haben.

Schwierig wird es, wenn Sie eine bereits zugesagte Einladung wieder absagen müssen. Das kann im Berufsleben zum Beispiel wegen einer unvorhergesehenen Geschäftsreise vorkommen. Dann müssen Sie den Grund Ihrer kurzfristigen Absage unbedingt erklären und Ihr Bedauern ausdrücken.

Versand Informationsmaterial – mal anders

Was schreiben Sie beim Versand von Informationsmaterial? Den Standardtext „Anliegend erhalten Sie wie gewünscht…"? Versuchen Sie es doch einmal persönlicher, z. B. so:

Beispiel

„…beigefügt erhalten Sie unsere Unterlagen – speziell für Sie zusammengestellt. Bitte sehen Sie sich unser Leistungsspektrum in Ruhe an. Gerne erstellen wir Ihnen bei Interesse ein individuelles Angebot. Wir freuen uns auf Ihre Antwort. Mit besten Grüßen aus Berlin …".

Freundliche Mahnungen

Sind Sie der Meinung, dass Mahnungen und Erinnerungen nur mit juristischen Phrasen wirksam sind? Das stimmt nicht! Die Rechtskräftigkeit einer Erinnerung hängt nicht von einem unfreundlichen Ton ab. Aus unserer Sicht gehört zu einem professionellen Auftreten auch ein fairer, kooperativer Schreibstil. Und das geht auch bei unangenehmen Themen:

Setzen Sie auf eine persönliche, emotionale Ansprache und formulieren Sie dies schon im Betreff. Schreiben Sie anstatt „Mahnung" vielleicht: „Haben Sie unsere Vereinbarung vergessen?".

Formulieren Sie Ihre Forderung deutlich, bleiben Sie aber freundlich im Ton. Machen Sie ein Kontakt- und Kooperationsangebot und aktivieren Sie für die Zukunft, denn Sie möchten ja weiterhin Geschäfte mit diesem Kunden machen.

Beispiel

„... bestimmt hat sich Ihre Zahlung mit unserem Brief gekreuzt. Bitte überprüfen Sie zur Sicherheit noch mal Ihre Verbindlichkeiten." Oder „Sicherlich haben Sie Verständnis dafür, dass auch wir auf pünktlichen Zahlungseingang angewiesen sind.

Falls es besondere Probleme geben sollte, rufen Sie mich bitte an, damit wir gemeinsam eine Lösung finden.

Bitte erweisen Sie sich weiterhin als zuverlässiger Partner."

Regel Nr. 49:
Selbst offizielle Schreiben wie Absagen oder Mahnungen können eine persönliche Note haben. Schicken Sie möglichst früh Zu- oder Absagen für Veranstaltungen zurück, Sie erleichtern dem Einladenden die Planung.

Grußschreiben mit Ausstrahlung

Ein Glückwunsch ist Ausdruck besonderer Wertschätzung. Deswegen kommen nette, persönliche Zeilen sowohl im privaten wie im geschäftlichen Bereich gut an. Je nach Anlass der Gratulation und Intensität Ihrer Beziehung können Sie Glückwünsche salopp bis förmlich formulieren. Manchmal bietet es sich an, eine Kleinigkeit beizulegen, z. B. einen Gutschein, einen Zeitungsartikel zum Anlass oder ein richtiges Geschenk wie etwa Eintrittskarten für ein Konzert. Typische Anlässe für Grußschreiben:

- (Firmen-)Jubiläum
- Geburtstag

- Hochzeit, Geburt
- Genesung
- Preisverleihung
- Beförderung

Geburtstag

Die meisten Unternehmen zelebrieren die Geburtstage Ihrer Mitarbeiter abteilungsweise.

Beispiel

In einem Unternehmen, dessen Niederlassung über 400 Mitarbeitern hatte, war es Usus, dass alle Angestellten zu ihrem Wiegenfest einen handschriftlichen Geburtstagsgruß vom Niederlassungsleiter bekamen. Sicher waren sie ihm bestimmt nicht alle persönlich bekannt, aber durch dieses Zeichen wurde jedem Mitarbeiter deutlich gemacht, wie wichtig er für das Unternehmen ist.

Diese Sitte zeigt einen sehr respektvollen Umgang mit dem wertvollsten Gut einer Unternehmung. So ein Zeichen kann das Klima innerhalb der Firmenwände positiv beeinflussen. Damit Sie wissen, was Sie Ihren Mitarbeitern oder Kunden schreiben können, hier ein paar Vorschläge.

Beispiele

Lieber Herr Dr. Huber (handschriftlich),
zu Ihrem Geburtstag wünschen wir Ihnen alles Gute.
Mögen Gesundheit und Glück Ihren zukünftigen Weg begleiten. Mit dem Bildband über unsere Unterwasserwelt können Sie für einige Augenblicke in eine Welt der Träume eintauchen. Viel Spaß dabei.
Herzliche Grüße

Unterschrift (handschriftlich)
Hans Mustermann

Liebe Frau Huber (handschriftlich),

zu Ihrem 50. Geburtstag wünsche ich Ihnen viel Glück und Gesundheit. Ich hoffe, Sie hatten einen wunderschönen Tag im Kreise Ihrer Freunde und Familie.

Ich freue mich darauf, Ihnen auch im nächsten Lebensabschnitt als Finanzberater zur Seite zu stehen.

Herzliche Grüße

Ihr

Unterschrift (handschriftlich)

Hans Muster

Weihnachts- und Neujahrsgrüße

Jedes Jahr stellt sich erneut die Frage, wann und wie man seine Geschäftspartner mit Grüßen zum Jahresausklang erfreuen kann. Zunächst gilt es, sich über den Zweck der Weihnachtspost Gedanken zu machen. Möchten Sie sich als Unternehmen für die Zusammenarbeit der vergangenen Monate bedanken? Hatten Sie in diesem Jahr wenig Kontakt zum Geschäftspartner und möchten sich deshalb in Erinnerung bringen? Grundsätzlich sind Weihnachtsgrüße keine Pflicht, sie sollten auch nicht so aufgefasst werden. Zielsetzung ist es, Kunden und Geschäftspartnern seinen Dank und seine Wertschätzung auszudrücken.

Gerade in der „Zeit der Gefühle" erreichen Sie emotionale, andauernde Verbundenheit nur mit einer individuellen, aber glaubhaften Form der Kommunikation. Achten Sie darauf, dass die Weihnachtsgrüße und auch die Geschenke eine persönliche und individuelle Note tragen. Wünschenswert sind handschriftliche Zeilen an den Empfänger. Sollte das nicht machbar sein, schreiben Sie zumindest Anrede und Schlussformel von Hand mit einem blauen Füller. Haben Sie sich für einen Brief statt einer Karte entschieden, verwenden Sie hochwertiges Briefpapier ohne Angabe von Steuernummer und Bankverbindung. Der Repräsentativbogen verzichtet auch auf Eigenwerbung und grelle Logos. Denken Sie rechtzeitig daran, schöne Sonderbriefmarken zu kaufen. Ihre Weihnachtspost verliert schnell, wenn sie durch den Freistempler gelaufen ist.

Es ist kein Fauxpas, Ihren nicht-christlichen Kunden zu Weihnachten per Karte oder Brief ein paar besinnliche Stunden zu wünschen. Vielleicht können Sie aber genau diesen Kunden und Partnern eine persönliche Karte schicken mit der Anmerkung, dass Sie wissen, dass es nicht ihr Fest ist.

Die Weihnachtskarte eignet sich gerade auch dann, wenn noch kein persönlicher intensiver Kontakt zum Empfänger besteht. Eine kuvertierte Karte ist stilvoll und daher Pflicht. Außerdem können Sie den Umschlag mit der Serienbrieffunktion leicht über den Drucker adressieren. Verzichten Sie auf einen eingedruckten Standardtext. Eine Karte, auf der nur die Unterschrift schnell ergänzt wurde, sieht nach „Pflichtübung" aus und nicht nach persönlichen Grüßen. Nehmen Sie sich die Zeit für individuelle Worte. Eine weitere Möglichkeit sind neutrale Doppelkarten ohne Text, die Sie mit Einlegern bestücken können. Die Einleger können dann individuell per Hand oder Drucker beschriftet werden. Das Kartenmotiv sollte zum Stil des Unternehmens passen. Es muss aber nicht gerade der

Weihnachtsmann im Cabrio sein, auch wenn Sie in einem Autohaus arbeiten. Eine Möglichkeit ist es, die Farbe des Firmenlogos in der Grundfarbe der Karte aufzugreifen.

Neujahrsgrüße – die kreative Alternative zur Weihnachtspost

Mit Neujahrsgrüßen kann man sich bewusst von der Flut der Weihnachtsgrüße abheben oder geschickt auf Weihnachtsgrüße von Kunden und Lieferanten reagieren, die man vergessen hat.

Beispiele

Dank für die Weihnachtspost

Sehr geehrte Frau Helmer,

mit großer Freude habe ich heute Ihre liebenswürdigen Grüße zu den kommenden Feiertagen erhalten. Wie aufmerksam von Ihnen, in dieser leider oft so hektischen Zeit noch ein paar persönliche und ansprechende Worte zu finden. Zeigt es doch auch, dass unsere geschäftlichen Beziehungen auf einer guten Basis beruhen. Ich hoffe, dass es weiterhin zu so positiven und erfolgreichen Verhandlungen zum Wohle beider Seiten kommen wird.

Ich wünsche Ihnen einen guten Jahresbeginn und tolle Erfolge im Geschäftsleben, vor allem aber Gesundheit und persönliches Wohlergehen.

Dank für ein Weihnachtsgeschenk von einem Lieferanten

Sehr geehrter Herr Bopp,

mit Ihrem schönen Weihnachtsgeschenk haben Sie mir wirklich eine besondere Freude gemacht. Herzlichen Dank! Sicher waren auch für Sie die vergangenen Wochen noch einmal mit viel Arbeit verbunden. Ich hoffe, Sie hatten angenehme und vor allem erholsame Weihnachtstage.

Durch Zuverlässigkeit und Qualität haben Sie auch im neuen Jahr wieder entscheidend zum Erfolg unseres Unternehmens beigetragen. Auch dafür ein herzliches „Dankeschön". Denn gerade in schwierigen Zeiten weiß man die Zusammenarbeit mit vertrauten Geschäftspartnern zu schätzen. Ich freue mich schon jetzt auf unsere erfolgreiche Zusammenarbeit im neuen Jahr.

Kurze, pfiffige Neujahrswünsche

Das war das Jahr 20XX!

Lieber Herr Weiß,

12 Monate. 52 Wochen. 365 Tage. Interessant! Aufregend! Erlebnisreich! Und jeder Tag war anders, oder? Ich wünsche Ihnen und Ihrer Familie einen guten Start in ein glückliches und spannendes Jahr 20XX.

Sehr geehrter Herr Braun,

das zu Ende gehende Jahr hat uns nicht geschont, Ihnen aber hoffentlich bei aller Arbeit auch Freude und Erfolg gebracht. Das Gleiche wünschen wir Ihnen für das neue Jahr, dazu noch Glück und Gesundheit.

Regel Nr. 50:
Glückwünsche und Weihnachtspost sollte immer eine handschriftliche Anrede und Verabschiedung haben. Benutzen Sie keinen Freistempler, sondern besorgen Sie sich für feierliche Post Sondermarken. Wenn Sie vorgedruckte Karten benutzen, unterschreiben Sie bitte leserlich!

Kondolenzbriefe

Kondolenzschreiben gehören auch im Geschäftsleben zu den schwierigsten, aber auch wichtigsten Briefen. Die Anteilnahme, die in solchen Zeilen zum Ausdruck kommt, gibt den Trauernden das Gefühl, mit ihrem Leid nicht alleine zu sein. Der Stil Ihres Schreibens hängt von Ihrer Beziehung zum

Verstorbenen ab: Je intensiver sie war, desto persönlicher sollten Sie den Brief formulieren. In allen anderen Fällen ist weniger mehr. Beileidsschreiben sollten kurz, würdig und aufrichtig sein.

Briefbogen und Karte

Der Briefbogen mit dem Trauerrand sollte nur von der trauernden Familie gewählt werden. Wollen Sie Trost spenden, tun Sie dies am besten auf einem hochwertigen Firmenpapier ohne die geschäftlichen Angaben von Kontoverbindung oder Steuernummer.

Entscheiden Sie sich für eine Karte, wählen Sie lieber Motive, die Ewigkeit und Frieden ausdrücken, z. B. Karten mit dem „Seerosen"-Motiv von Claude Monet oder Fotokarten mit Steinmotiven oder weiten Wiesen. Vorgedruckte Texte lediglich zu unterschreiben, zeugt nicht gerade von Persönlichkeit. Ein Kondolenzschreiben sollte auch im Geschäftsleben persönlich sein, daher sind handgeschriebene Zeilen empfehlenswert. Sie sollten zumindest die Anrede und den Gruß handschriftlich mit Tinte vornehmen. Auch auf dem Umschlag wird der Brief persönlicher, wenn Sie eine Sonderbriefmarke verwenden, statt den Freistempler der Firma zu nutzen.

Wie Sie die Trauernden ansprechen und den Verstorbenen nennen

Die Anschrift an die trauernde Familie sollte lauten: „Frau Bettina Muster, Max und Moritz Muster". Wenn Sie die Namen der Familienmitglieder nicht kennen, versuchen Sie diese herauszufinden oder herausfinden zu lassen. Finden Sie die Namen nicht heraus, wählen Sie als letzten Ausweg die etwas veraltete Anrede „an Familie Muster".

Nennen Sie vom Verstorbenen lieber Vor- und Nachname als von Herrn oder Frau Muster zu sprechen. Wenn Sie sich geduzt haben, schreiben Sie nur den Vornamen. Manchmal genügen schon wenige Worte auf einer Karte. Wenn Sie den Adressaten nicht kennen, genügt eine kurze und schlichte Anteilnahme.

Dies kann ein Kondolenzbrief enthalten

- Erzählen Sie, wie Sie von dem Sterbefall erfahren haben.
- Berichten Sie, wie Sie die Nachricht aufgenommen haben.
- Würdigen Sie die Person und ihre Leistungen oder erinnern Sie an gemeinsame Erlebnisse, z. B. wann und wie Sie den Verstorbenen kennen gelernt haben.
- Bekunden Sie Ihr Mitgefühl und Ihre Anteilnahme.
- Finden Sie tröstende Worte.
- Bieten Sie Hilfe an.

Übrigens: Kondolenzbriefe haben selbstverständlich keine Betreffzeile!

Es kann vorkommen, dass Sie sowohl den Angehörigen als auch der Geschäftsführerin schreiben müssen. Scheuen Sie sich nicht, Ihnen vollkommen fremden Menschen zu schreiben. Ihre Kondolenz wird nicht als aufdringlich empfunden.

Im Gegenteil: Es tröstet die Hinterbliebenen, wenn viele Menschen ihre Anteilnahme bekunden. Es zeigt ihnen, wie beliebt der Verstorbene auch für andere war.

Beispiele

An die Ehefrau

Sehr geehrte Frau Muster,

die schreckliche Nachricht vom plötzlichen Tod Ihres Mannes hat bei uns allen im Unternehmen tiefe Betroffenheit ausgelöst. Alle, die eng mit ihm zusammengearbeitet haben, sind fassungslos und trauern mit Ihnen. Bitte nehmen unsere aufrichtige Anteilnahme und auch mein persönliches Mitgefühl entgegen. Wir wünschen Ihnen viel Kraft in dieser schweren Zeit.

Ihr Mann war bei allen ein sehr geschätzter Geschäftspartner. Seine Kompetenz, sein Weitblick und seine Hilfsbereitschaft ließen ihn zum Vorbild für viele werden. In Hans Muster haben wir nicht nur einen langjährigen und zuverlässigen Partner verloren, sondern viele von uns auch einen Freund. Wir werden ihn als liebenswerten und verständnisvollen Menschen in Erinnerung behalten.

In mitfühlender Verbundenheit im Namen des Teams

Ihre

An das Unternehmen

Sehr geehrter Herr ...,

die Nachricht vom Tod Ihres Mitarbeiters Hans Muster hat uns tief getroffen. Seien Sie sich unseres aufrichtigen Beileids gewiss.

Oder: Lassen Sie mich Ihnen mein tief empfundenes Beileid übermitteln.

Oder: Frau Meyer rief uns soeben an und teilte uns mit, dass Ihr Geschäftsführer Hans Muster gestorben ist. Diese Nachricht hat uns sehr traurig gestimmt.

Hans Muster war nicht nur ein guter Geschäftsmann, sondern ein vorbildlicher Chef. Sein Führungsstil war wertschätzend und vertrauensvoll, er genoss die Achtung und Bewunderung seiner Mitarbeiter. Er hatte so eine warme und freundliche Art, er war beliebt und gerne gesehen. Wir trauern mit Ihnen um einen wertvollen Menschen. Wir werden nie vergessen, mit wie viel Engagement und Empathie Hans Muster seine Arbeit vollbracht hat.

Abschiedsworte

In herzlicher Anteilnahme

Mein herzliches Beileid

> Regel Nr. 51:
> Kondolenzschreiben haben keinen Betreff und sollten nicht auf vorgedruckten Karten geschrieben werden. Im Inhalt sind wichtig: Sprechen Sie darüber, wie Sie den Verstorbenen erlebt haben, bekunden Sie Ihre Anteilnahme und bieten Sie Hilfe an.

Zitate verwenden

Gerne können Sie einen Kondolenzbrief auch mit einem tröstenden Zitat einleiten. Sie finden weltliche und religiöse Sprüche im Internet. Aber auch Zitate von Persönlichkeiten sind eine gute Einleitung. Hier einige Beispiele:

Beispiele

Weltliche Sprüche

Der Tod ist der Grenzstein des Lebens, aber nicht der Liebe.

Trauern ist liebevolles Erinnern.

Die Erinnerung ist ein Fenster, durch das ich Dich sehen kann, wann immer ich will.

Religiöse Sprüche

Legt alles still in Gottes Hände, das Glück, den Schmerz, den Anfang und das Ende. Selig, die nicht sehen und doch glauben!
Joh. 26,29

Haltet mich nicht auf, denn Gott hat Gnade zu meiner Reise gegeben.

1. Mose 24,56

Zitate von Persönlichkeiten

Was man tief in seinem Herzen besitzt,
kann man nicht durch den Tod verlieren.
Johann Wolfgang von Goethe

Das einzig Wichtige im Leben sind die Spuren von Liebe,
die wir hinterlassen, wenn wir weggehen.
Albert Schweitzer

Die Hoffnung ist der Regenbogen über den herabstürzenden Bach des Lebens.
Friedrich Wilhelm Nietzsche

Online – auch hier ist Stil gefragt

Die Kommunikation per E-Mail ist aus unserer Arbeitswelt nicht mehr wegzudenken. Die Praxis lehrt es uns täglich: Das schnelle Schreiben von Nachrichten birgt Gefahren, die schnell zu einer Belastung der Sender-Empfänger-Beziehung führen können. Nachlässigkeiten bei Stil und Form, ungeschickte Formulierungen oder die falsche Reihenfolge bei den Anreden – und schon ist der Auftrag an ein anderes Unternehmen gegangen. Die wichtigsten Stolperfallen haben wir im Folgenden zusammengefasst.

Netikette

Das Kommunizieren per E-Mail oder auf Internet-Foren hat längst eigene Verhaltensregeln hervorgebracht. Denken Sie daran: E-Mails sind Schriftstücke genauso wie der gute alte Brief. Jede E-Mail spiegelt das Image der Firma wider, schließlich kann sie ausgedruckt werden. Also achten Sie auf Rechtschreibung und sinnvolle Formatierung. Eine Nachricht am Bildschirm zu lesen ist im Übrigen sehr viel anstrengender. Sie kennen sicherlich auch die E-Mails, die in einem Block geschrieben wurden und deren Lesbarkeit zu wünschen übrig lässt. Machen Sie also sinnvolle Absätze und erleichtern Sie Ihrem Adressaten das Lesen Ihrer Worte. Zur korrekten Rechtschreibung gehört natürlich auch, dass Sie die Groß- und Kleinschreibung beachten. Geübte Leser lesen nicht Buchstabe für Buchstabe – sie erkennen kurze Wörter schon beim Überfliegen.

Beispiel

Enie eglcshine Uvrensätit fnad haures, dsas uesnr Ague acuh Wterör lseen knan, deern Btsauchben in enier fslachen Riefoenhlge sethen – stimmt doch oder?

Konnten Sie diesen Satz lesen? Die einzige Bedingung für Lesbarkeit ist, dass Anfangs- und Endbuchstabe an ihrer richtigen Position bleiben. Trotzdem werden Sie beim ersten Leseversuch an der einen oder anderen Stelle ins Stocken geraten sein – diese Wörter waren auf den ersten Blick nicht sofort erkennbar, der Lesefluss wurde unterbrochen.

Unterstützen Sie also Ihren E-Mail-Empfänger, indem Sie neben der korrekten Rechtschreibung auch groß und klein schreiben. Ganze Wörter in Großbuchstaben zu schreiben, bedeutet übrigens in der Internet-Sprache Schreien.

> Regel Nr. 52:
> Achten Sie auf Rechtschreibung und sinnvolle Formatierung Ihrer E-Mail-Texte.

Emoticons

Sehr häufig findet man in E-Mails Smileys, welche die Aussage unterstützen sollen. Diese so genannten Emoticons braucht kein Mensch, auch nicht um Ironie deutlich zu machen. Oder haben Sie früher in Briefen zwinkerndes Beiwerk am Satzende benutzt, um dem Empfänger den Sinn Ihres Briefes auch wirklich verständlich zu machen?

E-Mails können genau so klar und deutlich ausgedrückt werden, wie Briefe. Wenn man die Befürchtung hat, dass etwas falsch verstanden werden könnte, raten wir dazu, am besten gleich zum Telefonhörer zu greifen. Das macht Kommunikation einfacher und es kommt nicht so schnell zu Missverständnissen. Klare kurze Sätze sind neben dem direkten Gespräch eine Lösung für unmissverständlichen Ausdruck.

Sollten Sie das Gefühl haben, dass Ihr E-Mail-Empfänger Sie trotz klarer Sprache falsch verstanden hat, suchen Sie am besten das direkte Gespräch, bevor Sie viele E-Mails hin und herschicken. Solche Ping-Pong-E-Mails sind oft ein Indiz dafür, dass man lieber ein Meeting einberufen sollte, als weiterhin lange Erklärungen per Mail auszutauschen.

Bei privaten E-Mails oder unter Freunden können Sie nach Belieben Smileys oder auch Bilder verwenden, um Ihren Gefühlen Ausdruck zu geben. Bei Geschäfts-E-Mails wirkt dies eher unseriös.

Anschriftzeilen und Betreff

In E-Mail-Programmen gibt es mehrere Anschriftzeilen. Die erste Zeile ist die „An-Zeile", hier werden nur die Personen eingetragen, die auch wirklich eine Aufgabe mit der E-Mail bekommen oder die direkt betroffen sind.

Je weniger Empfänger, desto besser

Beispiel

Nicht selten erlebt man in amerikanischen Unternehmen, dass die lieben Kollegen aus Übersee die unwichtigsten E-Mails an den gesamten Mitarbeiterstab verschicken – etwa Mails, in denen erklärt wird, dass der „Konferenzraum Montreal" leider nicht verfügbar ist oder dass die Telefonanlage am Freitagabend gewartet wird.

Denken Sie immer darüber nach, wen Ihre E-Mail tatsächlich interessiert. Man hat herausgefunden, dass Sie, je weniger Personen Sie hier eintragen, desto schneller eine Antwort bekommen. Eine E-Mail ist sehr viel personalisierter, wenn Sie zwei Empfänger eintragen statt einer ganzen Gruppe. Wird eine Gruppe angeschrieben, denken die Angeschriebenen eventuell: „Ach, das wird schon ein anderer beantworten."

Wer gehört in die cc- und bcc-Zeile?

Beispiel

Sie öffnen eine E-Mail und auf der cc-Zeile sind extrem viele Beteiligte eingetragen. Der Lebenszyklus so einer E-Mail entwickelt sich oft wie folgt: Zuerst wird die Aufgabe innerhalb der Personen in der an-Zeile hin- und her delegiert. Dann kommt einer der Beteiligten auf die Idee, diese Aufgabe an die erste Person auf der cc-Zeile zu übergeben. Das lässt sich derjenige meist nicht bieten und am Schluss bleibt die Aufgabe an dem hängen, der ganz hinten in der cc-Zeile steht. Hier stimmt also der Satz: „Den letzten beißen die Hunde."

In der cc-Zeile werden die eingetragen, die etwas „zur Information" bekommen sollen. Mit der E-Mail wird ihnen keine Aufgabe übertragen und sie sind auch nicht direkt involviert. Im Grunde könnte das manchmal die ganze Firma sein. Überlegen Sie daher genau, für wen Ihre E-Mail jetzt wirklich wichtig sein könnte. Zu guter Letzt gibt es da noch die bcc-Zeile, die so genannte Blindkopie. Der Eintrag von Empfängern in diese Zeile ist nur sinnvoll, wenn Sie große Verteiler haben und die Adressaten sich womöglich untereinander nicht kennen bzw. wenn Sie die jeweiligen E-Mail-Adressen nicht an Dritte weiter geben wollen. Das gilt zum Beispiel bei Pressemitteilungen. Diesen Verteiler preiszugeben sollte vermieden werden. Schnell werden sonst die E-Mail-Adressen für andere Dinge abgegriffen oder missbraucht. Jemanden auf bcc zu setzen, um zu kontrollieren, wie schnell oder ob eine Aufgabe erledigt wird, ist eher anrüchig und keine besonders feine Art seinen Kollegen gegenüber. In einigen Firmen ist die bcc-Funktion gar nicht frei geschaltet – gerade aus letzterem Grund.

Der Betreff: So exakt wie möglich

Die Betreffzeile sollte immer sinnvoll ausgefüllt sein. Sinnvoll heißt, der Text der E-Mail sollte auch etwas mit dem Titel der E-Mail zu tun haben. Statt „unsere Besprechung" wäre „Besprechung vom 20.2.20xx" sinnvoller. Denn Besprechungen hat man im Laufe der Wochen und Monate viele. Ein Hinweis auf Datum, Sache oder Anliegen machen den Betreff eindeutig. Genaue Anweisungen oder Wünsche kann man bereits im Betreff formulieren. Ein Beispiel: „Terminzusage bitte bis zum 16. März." So sieht der Empfänger bereits im Eingangsordner, dass er etwas erledigen muss. Sinnvoll heißt aber auch, dass, nachdem eine E-Mail öfters hin und her gegangen ist, nachvollziehbar bleibt, was der Inhalt der Mail überhaupt noch mit der Betreffzeile zu tun hat. Wer in die Betreffzeile gar keinen Text einträgt, riskiert, dass seine E-Mail ungelesen gelöscht wird.

> Regel Nr. 53:
> Füllen Sie die Betreffzeile Ihrer E-Mails immer sinnvoll aus. Tragen Sie nur die Empfänger in die an-Zeile, die eine Aufgabe mit der E-Mail erhalten. cc bekommen nur Personen, die etwas zur Information erhalten sollen, sie werden in der E-Mail-Anrede nicht erwähnt. Nutzen Sie die bcc-Zeile nur für große Verteiler, deren Teilnehmer untereinander nicht sichtbar sein sollen.

Anrede und Verabschiedung

Verzichten Sie nie auf eine Anrede oder Verabschiedung in einer E-Mail. Sollten Sie mehrere Personen ansprechen, nennen Sie im privaten Bereich die zuerst, die Sie besser kennen. Im geschäftlichen Bereich gilt die Regel: Die ranghöhere Person wird zuerst genannt. Wenn Sie die eine Person siezen und die andere duzen, können Sie dies auch in der Anrede zum Ausdruck bringen. Aber nicht vergessen, die wichtigste Person zuerst zu nennen:

Beispiele

„Sehr geehrter Herr Dr. Mustermann, lieber Herr Muster und lieber Andreas" oder

„Sehr geehrter Herr Vorstandsvorsitzender..., liebe Kollegen"

Regel Nr. 54:
Differenzieren Sie sich durch Anrede und Verabschiedung von Standard-Schreiben. Sprechen Sie die ranghöchste Person zuerst an.

Signatur und Anhänge

Beispiel

Die E-Mail eines Kunden findet den Weg in Ihre Inbox. Nur zu gerne würden Sie jetzt auf seine Webseite wechseln, um herauszufinden, welches die Hauptprodukte seiner Firma sind und wie dieser Kunde in Deutschland aufgestellt ist. Aber leider fehlt in seiner E-Mail die Signatur. Sie müssen also im Internet nach der Firma suchen, was für Sie kostbare Zeit bedeutet.

Eine E-Mail sollte immer eine Signatur mit den Kontaktdaten enthalten. Sie erleichtern damit dem Empfänger, Sie zurückzurufen, außerdem kann er Ihre Kontaktdaten schnell abspeichern. Es ist sehr viel angenehmer, wenn man nicht erst in seinen eigenen Kontakten stöbern muss, sondern gleich auf die angegebenen Daten zugreifen kann. Eine schöne Variante ist auch eine V-Card als Anhang mit zuschicken. So müssen die Daten nicht per Hand in das Kontaktprogramm kopiert werden. Signaturen sollten firmenintern gleich aussehen. Besser ist es, nur Text anzufügen, denn das Logo einer Firma kann leicht in der Firewall hängen bleiben. Seit Januar 2007 müssen E-Mails von Firmen, die im Handelsregister eingetragenen sind, eine Signatur mit folgenden Informationen enthalten:

- Vollständiger Firmenname wie im Handelsregister eingetragen
- Rechtsformzusatz (z. B. GmbH, KG e.K. etc.)
- Sitz des Unternehmens
- Registergericht
- Handelsregisternummer

Für GmbHs gilt zusätzlich: Ausgeschriebener Vor- und Zuname aller Geschäftsführer. Bei AGs müssen noch Aufsichtsrat und Vorstandsvorsitzende genannt werden.

Warum sollten Sie Anhänge erklären?

Außer der V-Card sollten Anhänge, die Sie mitschicken, kurz im Text erklärt werden. Der Grund: Vertriebsleute z. B. sind oft unterwegs und haben nicht immer die angenehme Übertragungsbandbreite zur Verfügung wie im Büro. In diesen Fällen ist es angebracht, den Empfänger zu informieren, was er sich mühselig über die Hotel-Line oder einen anderen Empfänger herunter laden soll. So kann er selber entscheiden, wann er welche Daten vom Server laden möchte. Nichts ist ärgerlicher, als nach zehn Minuten Ladezeit festzustellen, dass man sich gerade eine Anleitung mit Bildern oder 20 Seiten AGB herunter geladen hat.

> Regel Nr. 55:
> Unter eine E-Mail gehört immer eine Signatur mit firmenintern identischem Layout. Anhänge sollten in der E-Mail kurz beschrieben werden.

Manchmal besser mündlich als schriftlich

Beispiel

Herr Müller sitzt in seinem Büro und bekommt eine E-Mail von seinem Kollegen Herrn Meier, der ein paar Zimmer weiter sitzt. Der Inhalt der E-Mail lautet: „Ich benötige einen Terminvorschlag für das Meeting mit Kunde XY. Passt es Dir am 23. Februar?" Leider kann Herr Müller am 23. Februar nicht und schreibt zurück: „Nein, da bin ich schon verplant, wie sieht es aus mit dem 24. Februar?" Es folgt die Antwort: „Am 24. Februar habe ich einen Arzttermin, aber wie sieht es mit dem 27. Februar aus?"

Sie sehen, das Medium E-Mail ist nicht immer das Beste, das man wählen kann. Viel einfacher wäre es, sich hier kurz mündlich abzustimmen, anstatt vier E-Mails oder mehr hin und her zu schicken.

Ähnlich sieht es aus, wenn Sie die so genannten Pingpong-Mails betrachten. Oft werden lange Abhandlungen zu einigen

Themen geschrieben, die dann eventuell falsch verstanden werden. Der „Brieffreund" reagiert leicht verärgert, weil er sich angegriffen fühlt und so schaukelt sich eine anfangs völlig harmlose Situation ins Unermessliche. Oft schreibt man viel zu schnell E-Mails statt Dinge gleich zu klären.

Viele Menschen verstecken sich hinter diesem anonymen Medium und scheinen regelrecht Angst vor Menschen zu haben bzw. vor direktem Kontakt. Dabei ist die einfachste Methode, kurz zum Telefonhörer zu greifen, um Zweifel oder Missverständnisse aus der Welt zu schaffen.

E-Mail-Knigge

- E-Mails sollen kurz und schnell auf den Punkt kommen. Ob man dabei immer den richtigen Ton trifft, ist fraglich. Deshalb ist es umso wichtiger, auf höfliche Formulierungen zu achten. Empfangen Sie eine Mail, die Ihnen etwas schroff vorkommt, nehmen Sie sie nicht zu persönlich. Es ist meist nicht so gemeint, wie es ankommt.
- E-Mails dienen dem schnellen Austausch von Informationen. Um Geschäftsbeziehungen zu vertiefen, eignen sie sich nicht. Besser für die Kontaktpflege eignen sich regelmäßige Telefonate oder ein Geschäftsessen, zu denen Sie sich bewusst Zeit nehmen.
- Um die E-Mail-Flut einzudämmen, verzichten Sie auf unnötige Dankes-E-Mails, sondern formulieren Sie diese bereits im Voraus in Ihrer Mail.

- Vermeiden Sie rhetorische Fragen in Ihren E-Mails. Gerade Fragen über das Wohlbefinden Ihres E-Mail-Partners tragen zur Überfüllung des E-Mail-Eingangs bei. Denn im Zweifel wird er auf die gestellte Frage antworten und dies tut er dann eventuell in einer längeren Ausführung, auf die Sie wiederum antworten müssen, da es sonst unhöflich wäre.

Das Business-Parkett

Die Präsentation eines neuen Produktes, das Firmenjubiläum oder ein Messeauftritt – mit solchen Veranstaltungen gestalten Sie das Image Ihres Unternehmens.

In diesem Kapitel lesen Sie

- wie Sie sich korrekt in Meetings beim Kunden oder in Ihrem Haus verhalten (S. 140),
- was Sie mit Sakkos und Handys in einer Besprechung machen (S. 144) und
- wie Sie auf Messen einen positiven Eindruck hinterlassen (S. 150).

Meetings

Meetings gelten vielen Geschäftsleuten als reine Zeitverschwendung. Das kann mehrere Gründe haben: Oft mangelt es an einer guten Organisation, einer Tagesordnung, die feste Zeiten vorsieht, an Pünktlichkeit oder der entsprechenden Vorbereitung der Beteiligten. Ein effizientes Meeting sollte deshalb gut organisiert sein.

Vorbereitung:

- Zeitpunkt und Dauer abstimmen
- Teilnehmerliste erstellen (bitte nur Teilnehmer einladen, die auch zum Erfolg des Meetings beitragen können)
- Besprechungsraum, Technik und Verpflegung organisieren
- Agenda mit Zeitplan erstellen
- Einladungen mit Unterlagen an die Teilnehmer versenden

Durchführung:

- Anwesenheitsliste kontrollieren
- Zeitplan überwachen und bei Überschreitung einzelne Themen vertagen
- Unterbrechungen vermeiden, aber Pausen einplanen
- Protokoll mit To-Do-Listen führen

Nachbereitung:

- Protokoll erstellen und vom Besprechungsleiter freigeben lassen
- To-Do-Listen überwachen

Gäste im Büro empfangen

Kennen Sie die Situation? Sie bieten Ihren Gästen Getränke an, sind aber unsicher, wem Sie den Kaffee zuerst einschenken sollten. Hier die Lösung: Im Meetingraum ist der Gast der Ranghöchste, er bekommt die Erfrischung somit zuerst. Dies sollte zwischen Small Talk und Beginn des geschäftlichen Teils des Meetings erfolgen, damit es dann nicht zu Störungen kommt. Der Gastgeber muss nicht alle Anwesenden persönlich bedienen, sondern sollte lediglich das erste Signal geben. Die Gäste dürfen sich im Anschluss selbst bedienen. Grundsätzlich sollte sich aber jeder im eigenen Hause als Gastgeber fühlen und den Job übernehmen, falls der Einladende mit anderen Aufgaben beschäftigt ist.

Zur Gastgeberrolle im Büro gehört auch, dass man Kleinigkeiten zum Essen vorbereiten lässt, falls die Konferenz für einen längeren Zeitraum oder über die Mittagszeit angesetzt ist. Seinen Gästen überhaupt nichts anzubieten, ist eine ausgesprochene Unhöflichkeit.

Beispiel

Eine ehemalige Kollegin war viele Jahre für den Finanzsektor im Vertrieb zuständig. In einigen Firmen wurde ihr der Tee in Meissner Porzellan serviert und es gab eigens für die Firma gebackene Plätzchen vom besten Konditor der Stadt. Diese Szenerie endete abrupt, als sie in einer neuen Firma Kunden aus dem produzierenden Gewerbe betreute. Ihr erster Kundentermin fing damit an, dass sie einen matschigen Kiesparkplatz überqueren musste, um zu der Containerlandschaft zu gelangen, die als Büro diente. Sie wurde über eine Außentreppe im Stahlkonstrukt-Look hoch geschickt zum Besprechungsraum. Nach der Begrüßung und der Einrichtung von Computer und Beamer fragte sie den Kunden, ob es nicht irgendwo ein Glas Wasser gäbe oder ein anderes Getränk, damit ihre Produktvorstellung nicht an einer trockenen Kehle scheitere. Die Antwort des Gastgebers auf ihre Frage war verblüffend: „Ja, da müssen Sie in den Container am Eingang gehen. Dort steht ein Getränkeautomat. Sie brauchen aber 50 Cents dafür." Vorbei die Zeit der stilvollen Gastgeber. Heute ist sie wieder im Bankenumfeld tätig.

Behandeln Sie Ihre Gäste so, wie Sie selbst behandelt werden möchten: mit Respekt und Höflichkeit. Und dies gilt auch, wenn Sie „nur" Lieferanten empfangen. Überlegen Sie sich, dass die Lieferanten noch weitere Kunden betreuen und Ihr Image nach außen transportieren.

Holen Sie Ihre Gäste am Empfang ab, geht der Gast vor, sofern er den Weg bereits kennt. Wenn nicht, dürfen Sie gerne vorweg gehen. Die Türen öffnen Sie für Ihren Gast in beiden Fällen. Lassen Sie Ihren Gast an Ihrer rechten Seite gehen, dies demonstriert, dass er von Ihnen geschätzt wird. Im Büro angekommen, nimmt man dem Gast den Mantel ab und hängt ihn an der Garderobe auf. Dies dürfen auch Frauen für Männer tun. Nur der eine oder andere ältere Herr wird die Hilfe einer Dame ablehnen.

Im Meetingraum

Beispiel

Die Sekretärin Ihres Gesprächspartners holt Sie am Empfang ab und führt Sie in den Meetingraum. Dort stehen kalte Getränke und der Kaffee bereits vorbereitet auf dem Tisch. Die Sekretärin bittet Sie, Platz zu nehmen und sich an den Getränken zu bedienen, während sie ihren Chef holt.

Das ist eine alltägliche Situation für Mitarbeiter mit Kundenkontakt und klingt wie eine Standardsituation, über die wir uns keine Gedanken machen müssen. Dennoch sollten wir den Worten der Sekretärin nicht einfach gedankenlos Folge leisten. Sie setzen sich in fremden Räumen nicht einfach hin, ebenso wenig bedienen Sie sich an den Getränken – es sei denn, die Sekretärin gießt Ihnen den Kaffee gleich ein. Ist eine Verspätung des Gastgebers um 15 Minuten angekündigt, dürfen Sie gerne im Sitzen warten. Bemühen Sie sich jedoch, Ihren Gastgeber im Stehen zu empfangen.

Wie Sie Ihren Platz einnehmen

Planen Sie eine Laptop-Präsentation bei Ihrem Kunden, fahren Sie möglichst den Rechner hoch, bevor Ihre Gastgeber den Raum betreten. Es ist nun die Aufgabe des Gastgebers, seinen Gästen einen Platz zuzuweisen. Haben Sie die freie Wahl, entscheiden Sie sich für einen Platz, bei dem Sie den gesamten Raum inklusive der Tür im Blickfeld haben. Wer jemals mit dem Rücken zur Tür gesessen hat, weiß, dass durch die Ungewissheit, ob und wer zur Tür reinkommen kann, die Konzentration erheblich leidet. Eine Wand im Rücken gibt Ihnen das Gefühl von Sicherheit, was die Meeting-teilnehmer spüren werden. Auch die Sitzhaltung kann Einfluss auf den Verlauf der Verhandlung nehmen. Sitzen Sie gerade und aufrecht, signalisiert dies Souveränität. Der positive Nebeneffekt dieser Haltung: Sie bleiben länger konzentriert bei der Sache. Achten Sie darauf, die Beine nicht zu kreuzen, damit das Blut zirkulieren kann. Besser ist es, mit beiden Füßen festen Kontakt zum Boden zu haben.

> Regel Nr. 56:
> Bleiben Sie im Meetingraum stehen und bedienen Sie sich nicht an den Getränken, bis Ihr Gastgeber kommt. Kaffee sollte von der Assistentin eingeschenkt und nicht nur angeboten werden.

Mobiltelefon und Blackberry

Beispiel

Während eines unserer Firmentrainings über Umgangsformen im Geschäftsleben klingelte ein Handy. Der Abteilungsleiter, der dieses Training für seine Mitarbeiter und sich veranlasst hatte, holte sein Handy aus der Brusttasche, meldete sich und redete in normaler Lautstärke auf den Anrufer ein. Die Gruppe starrte ihn an, aber er machte keinerlei Anstalten, sich aus dem Raum zu entfernen. Erst nach fast einer Minute, nachdem der Vortrag trotz Störung weiter gehalten wurde, erhob er sich und ging laut telefonierend in Richtung Tür. Dort angekommen, verzögerte er noch das Heraustreten um einen weiteren Halbsatz am Telefon. Dass er durch diese Aktion den Vortragenden und die Gruppe störte und sich in den Vordergrund spielte, schien ihm völlig gleichgültig zu lassen.

Mobiltelefone und Blackberrys schalten Sie bitte während eines Meetings, egal ob extern oder intern, immer aus bzw. stumm. Das Geräusch des Vibrationsalarms hört man selbst durch Jacken oder aus der Aktentasche. Und es stört nicht nur die Teilnehmer, sondern auch Ihre Konzentration. Sollten Sie einen wirklich wichtigen Anruf erwarten, z. B. von Ihrer schwangeren Frau, dann kündigen Sie an, dass Ihr Handy auf Empfang steht. Zum Telefonieren verlassen Sie dann bitte den Besprechungsraum. Legen Sie Ihr Handy auch, wenn Sie den Anruf angekündigt haben, nicht auf den Besprechungstisch. Sie würden Ihrem Gesprächspartner damit signalisieren, dass Sie jederzeit bereit sind, das Gespräch anzunehmen und geben ihm das Gefühl, unwichtig zu sein.

Auch das Lesen der eingehenden E-Mails im Blackberry während einer Besprechung ist unhöflich. Jeder Gesprächsteilnehmer fühlt sich einfach missachtet.

> Regel Nr. 57:
> Mobiltelefone sollten während einer Besprechung immer ausgeschaltet sein. Erwarten Sie einen wichtigen Anruf, kündigen Sie das zu Beginn einer Besprechung an. Legen Sie Ihr Handy aber nicht auf den Tisch.

Es gibt von Martin Suter, Schweizer Schriftsteller, Kolumnist und Drehbuchautor, eine schöne Geschichte, die das Thema wunderbar aufbereitet:

Beispiel

Ein Angestellter wird in ein Gespräch mit seinem Vorgesetzten gebeten und hat dabei – vorbildlich, wie er glaubt – sein Handy auf Vibration eingeschaltet. Während des Gesprächs mit seinem Vorgesetzten muss er sich konzentrieren, um seine Beförderung nicht zu gefährden. Auf einmal merkt er, dass sein Handy vibriert. Er kann aber aus gegebenem Anlass nicht ans Telefon gehen. Von Minute zu Minute wird er unkonzentrierter, da er sich immer fragt, wer wohl angerufen hat. War es seine Frau oder vielleicht der Kunde XY oder sogar die junge Blonde, der er am Vorabend seine Handynummer gegeben hatte? Er ist zum Schluss so abgelenkt, dass das Gespräch mit dem Geschäftsführer völlig aus den Bahnen läuft und er sich bis auf die Knochen blamiert. Nach einer Stunde kommt er aus dem Meeting, inzwischen fast mit einer Kündigung in Aussicht, statt der erhofften Beförderung. Aber nun endlich kann er seine Neugierde befriedigen und auf seinem Handy nachschauen, wer angerufen hat. Er blättert auf „verpasste Anrufe", um festzustellen, dass dort steht: „anonymer Anrufer".

Sakko ausziehen

Beispiel

Es war ein außergewöhnlich heißer Sommertag in London und ein zukünftiger Berater war zu einem Job-Interview eingeladen, von dem er wusste, dass es stressig und noch heißer werden würde. Da er von dem Büro schon wusste, dass es keine Klimaanlage gab, beschloss er sich in seinem Anzug kurz vorher in die pralle Sonne zu setzen und sich so richtig aufzuwärmen. Denn ihm war klar, er würde sein Sakko während des Gesprächs nicht ausziehen können. Gedacht – getan. Als er im Büro ankam, war er schon weit über Betriebstemperatur, so dass ihm das Büro und der Schatten schon wieder angenehm kühl vorkamen. Als er dann auch noch einen Tee bestellte, statt eines kühlen Softgetränks, waren die Interviewer schon recht beeindruckt. An diesem Tag brachten sie ihn nicht mehr so schnell ins Schwitzen.

Dieses Beispiel sollten Sie sich nicht zu sehr als Vorbild nehmen. Denn mit Schweißflecken ins nächste Gespräch zu gehen, gibt Ihnen sicher nicht die nötige Gelassenheit. Doch Schwitzen gehört zum Geschäft. Denn im Meetingraum, beim Geschäftsessen oder auch bei offiziellen Veranstaltungen dürfen Sie Ihr Jackett bzw. Ihre Kostümjacke erst ablegen, wenn die Gastgeber Sie dazu auffordern oder es vormachen.

Der Ranghöchste in einem Meeting entscheidet also, wann der richtige Zeitpunkt gekommen ist. Aus verhandlungstaktischer Sicht sollten Sie dann ebenfalls das Jackett ausziehen, damit alle wieder „auf Augenhöhe" sind.

Kommen Sie in einen Raum und die Anwesenden haben sich bereits alle des Jacketts entledigt, sollten Sie fragen, ob es in Ordnung ist, wenn Sie Ihr Jackett auch ablegen. Gehen Sie nicht davon aus, dass Sie dies einfach machen dürfen, es sei denn, Sie sind die ranghöchste Person in dieser Gruppe.

> Regel Nr. 58:
> Legen Sie das Jackett erst ab, wenn der Ranghöchste im Raum dies vorschlägt. Stoßen Sie zu einer Gruppe, die sich bereits „entspannt", fragen Sie erst.

Visitenkarten austauschen

Als Gast überreichen Sie in einer geschäftlichen Situation Ihre Visitenkarte zuerst und zwar dem ranghöchsten Gastgeber. Können Sie keine Hierarchie erkennen, geben Sie die Karten der Reihe nach aus.

Stecken Sie bitte die Visitenkarte Ihres Gesprächspartners nicht achtlos in die Hosentasche, sondern werfen Sie einen kurzen und intensiven Blick darauf. Achten Sie auf akademische Titel, die Sie ab jetzt zum Namen nennen.

Erhaltene Visitenkarten dürfen Sie gerne vor sich in der Reihenfolge platzieren, wie die Inhaber der Karte sitzen. So können Sie die Namen besser zuordnen und sich dann auch merken. Bitte machen Sie sich keine Notizen auf der Visitenkarte, solange der Inhaber der Karte noch dabei ist.

Der Einsatz der Visitenkarte ist auch schon am Empfang der Firma sinnvoll. Geben Sie dem Empfangspersonal Ihre Visitenkarten, nachdem Sie sich vorgestellt und Ihr Anliegen vorgebracht haben. Das Personal kann Sie an Hand der Visitenkarten perfekt anmelden. Ihr Name und ihr Firmenname liegen dann vor, und sollte ein Ausweis ausgestellt werden oder der Eintrag in eine Liste erfolgen müssen, wird Ihr Name richtig geschrieben und es kommt nicht zu mehrfachem Nachfragen, wie man Ihren Namen buchstabiert. Am Ende sollte das Empfangspersonal Ihnen die Visitenkarte wieder zurückgeben.

Regel Nr. 59:
Visitenkarten werden zu Beginn eines Gespräches ausgetauscht. Als Gast gibt man die Karte zuerst dem Ranghöchsten.

Kundenmeeting beenden

Das Verkaufsgespräch ist beendet, die Teilnehmer schließen ihre Laptops und sind bereit zu gehen. Achten Sie als Gastgeber darauf, Ihre Gäste jetzt bis an den Haupteingang zu begleiten und nicht mit den Worten zu verabschieden „den Weg kennen Sie ja". Denken Sie dabei einfach daran, wie Sie es zu Hause handhaben, dort begleiten Sie Ihre Gäste auch bis zur Haustür und verabschieden sie nicht im Wohnzimmer.

> Regel Nr. 60:
> Gäste im eigenen Unternehmen werden immer bis zur Eingangstür oder bis zum Aufzug gebracht und nicht im Meetingraum verabschiedet.

Meetings nachbereiten

Beispiel

Protokolle werden nicht gerne geschrieben, das ist bekannt. Eine IT-Firma hatte eigens hierfür ein Programm entwickelt, das die Last des Protokollschreibens zwar nicht abnahm, aber seine Handhabung sehr vereinfachte. Aufgrund einer Agenda wurden die Themenpunkte für das Protokoll bereits vorgegeben und die nicht abgehandelten Punkte der Besprechung für die nächste Agenda vorgeschlagen. Das webbasierte System gab die Formate vor, und Ergebnisse und Texte konnten nacheinander in die jeweiligen Felder eingegeben werden. Am Ende kam ein Protokoll heraus, das an die Teilnehmer verschickt wurde und kommentiert werden konnte. Wichtige Ergebnisse konnten am Ende in ein Knowledge-Management-System eingegeben und somit anderen zur Verfügung gestellt werden. Leider hat das Thema „Meetings nachbereiten" keinen großen Anklang in der Businesswelt gefunden, so dass dieses Programm nie im Markt angenommen wurde.

Nicht nur das Protokollschreiben ist für Ihre Geschäftsbeziehung wichtig, sondern generell eine gute Nachbereitung des Meetings. Denn im Meeting geht es geht ja nicht nur darum, Kekse zu knabbern und ein Schwätzchen mit dem Kunden zu halten. Sie wollen am Ende ein Ergebnis präsentieren bzw. den Ausgang der Besprechung festhalten. Hierfür muss nicht immer ein seitenlanges Protokoll geschrieben werden, aber das Mindeste ist eine E-Mail ein oder zwei Tage nach der Besprechung. Drücken Sie noch mal Dank dafür aus, dass man sich die Zeit genommen hat, Sie zu treffen und fassen Sie zusammen, was besprochen wurde und wer, was, bis wann zu erledigen hat.

> Regel Nr. 61:
> Nach jedem Kundentreffen sollte man sich für die Zeit, die der Geschäftspartner sich genommen hat, bedanken. Eine E-Mail mit einer kurzen Zusammenfassung des Besprochenen und dem Dank genügen in der Regel.

Auf Messen

Selten treffen potenzielle Kunden und Anbieter so konzentriert aufeinander wie auf einer Messe. Hier gilt es, wahrgenommen zu werden und positiv im Gedächtnis zu bleiben. Aktive und gut argumentierende Verkäufer und geschultes Standpersonal entscheiden über Erfolg oder Misserfolg eines Messeauftritts. Reines Sachwissen und die fachliche Qualifikation der Mitarbeiter allein genügen da nicht. Hier geht es um den ersten positiven Eindruck beim Kunden. Denn der erste Kontakt des Messebesuchers mit dem Standpersonal ist entscheidend für die künftige Kundenbeziehung.

Für Stände werden Millionen von Euro ausgegeben, Mitarbeiter für teures Geld während der Messe untergebracht – und am Ende sitzen diese SMS-tippend auf Barhockern, lehnen rauchend am Infotresen oder ziehen die Blicke der Herren statt mit einem freundlichen Lächeln, mit einem (zu) kurzen Rock an. Damit Ihr Messeauftritt ein voller Erfolg wird, geben wir Ihnen hier die wichtigsten Tipps:

Messe-Fauxpas

Die häufigsten Fauxpas beim Messeauftritt – so bitte nicht:

- Der Interessent wird an der Standkante abgefangen – Verkäufer steht wippend, mit auf dem Rücken verschränkten Armen an der Standkante und wartet auf „Opfer“. Warten Sie besser ca. zwei Meter innerhalb des Standes auf Ihre Kunden.
- Die Verkäufer haben die Hände in der Hosentasche, kauen Kaugummi am Stand oder rauchen.
- Das Handy wird auf dem Stand benutzt, SMS werden getippt und auf dem Smartphone die E-Mails gecheckt.
- Kein einheitliches Auftreten des Standpersonals (Kleidung in Corporate Identity), das heißt, der Kunde kann nicht sofort erkennen, wer zum Stand gehört.
- Aus Gründen der Bequemlichkeit tragen manche Damen und Herren Birkenstockschuhe oder Turnschuhe.
- Es stehen Grüppchen von Kollegen zusammen.

- Die Messetheke ist zur Bar umfunktioniert und das Standpersonal lehnt sich erschöpft daran.
- Das Standpersonal beschäftigt sich produktverliebt mit den aufgestellten PCs und wendet den Kunden den Rücken zu.

So wird Ihr Messeauftritt ein Erfolg

Messen sind vergleichbar mit Märkten oder Basaren, und die gibt es schon seit Jahrtausenden. Auf diesen Märkten wurde gefeilscht, informiert, gestritten, vereinbart, gekauft und verkauft. Das war damals so und ist heute im Prinzip nicht anders. Messen sind also eine ideale Plattform für die direkte Kommunikation von Mensch zu Mensch. Es geht dabei um den Aufbau von Vertrauen und Image. Messen sind neben dem persönlichen Verkauf das effektivste Instrument für einen positiven Imageaufbau Ihres Unternehmens. Nutzen Sie dieses Potential und bereiten Sie sich auf Ihren Messeauftritt gründlich vor.

Eine Messe sollte von der Vertriebsmannschaft als Vertriebsinstrument zur persönlichen Zielerreichung betrachtet werden und nicht als „Störfaktor", der unnötig viel Zeit kostet, in der man „Wichtigeres" erledigen könnte. Definiert man einen Messeauftritt als Vertriebschance und nicht als reine „Marketingshow", lohnt sich die Investition in jedem Fall.

> Regel Nr. 62:
> Achten Sie auf ein einladendes Verhalten auf einem Messestand. Der Interessent soll Lust bekommen, Ihren Stand zu betreten. Oft genügt schon Blickkontakt, verbunden mit einem freundlichen Lächeln.

Messen nachbereiten

Eine gute Messenachbereitung beginnt bereits am Stand. Die Kundendaten und -wünsche sollten mittels Kontaktbögen sofort erfasst und schnellstmöglich im CRM-System aufgenommen werden.

Bedanken Sie sich bei Ihren Gesprächspartnern per E-Mail für das Gespräch, am besten noch am selben Tag. In dieser E-Mail fassen Sie das Besprochene kurz zusammen und halten die vereinbarten Schritte zur weiteren Vorgehensweise fest.

Den allerbesten Eindruck hinterlassen Sie, wenn der Kunde bereits am Folgetag der Messe die gewünschten Prospekte und Informationen per Post oder E-Mail auf seinem Schreibtisch hat. Dazu ist eine schnelle und enge Kommunikation mit der Zentrale notwendig. Maximal zehn Tagen nach der Messe muss ein Kontakt zum Messebesucher stattgefunden haben. Jeder frühere Tag erhöht die Abschlusswahrscheinlichkeit.

Haben Sie vergeblich auf einige Ihrer eingeladenen Kontakte gewartet, sollten Sie sie freundlich anschreiben und Ihr Bedauern ausdrücken, dass es nicht zu einem persönlichen Gespräch gekommen ist. Tenor des Ganzen: "Schade, aber natürlich sind wir trotzdem jederzeit für Sie da!"

Wie erfolgreich die Messeinvestition für Sie war, können Sie mit folgenden Erhebungen beantworten:

- Wie viel Kontakte wurden generiert?
- Feedback von Kunden aufnehmen und umsetzen

- Wann waren die besucherstärkste Tage -> Wichtig für die Einteilung des Standpersonals bei der nächsten Messe
- Wie ist die Verteilung Kunden und Interessenten?
- Wie viel Angebote wurden angefordert?
- Wurden Bestellungen abgegeben?
- Wie ist die Interessens-Verteilung der einzelnen Produktbereiche?

Regel Nr. 63:
Eine gute Messenachbereitung beginnt bereits auf der Messe – mit dem Sammeln von Kundendaten und -wünschen. Nach der Messe sind rascher Dank für das Gespräch und die rasche Zusendung von gewünschten Unterlagen angebracht.

Geschäftspartner zu festlichen Anlässen einladen

Mit einer stilvollen Einladung punkten Sie bei Ihren Geschäftspartnern auf der ganzen Linie.

In diesem Kapitel lesen Sie,

- wie Sie eine Einladung aussprechen (S. 156),
- was Ihre Aufgaben als Gastgeber sind (S. 163),
- welche Vorbereitungen für ein Geschäftsessen notwendig sind (S. 165) und
- wie Sie sich als Gast oder Gastgeber im Restaurant formvollendet verhalten (S. 170).

Die Einladung

Wie lädt man richtig ein? Telefonisch, per E-Mail, mündlich oder doch besser schriftlich? Jede Form der Einladung ist zwar möglich, aber nicht unbedingt angemessen. Zu großen Festen sollte beispielsweise immer schriftlich eingeladen werden. Haben Sie sich für einen Einladungsweg entschieden, versenden Sie Ihre Einladung rechtzeitig, damit sich Ihre Gäste den Termin reservieren können. Bei größeren Veranstaltungen sollten Sie schon einige Wochen bis zu drei Monate vorher einladen, vor allem, wenn Sie möchten, dass Ihre Veranstaltung gut besucht wird. Bei kleineren Einladungen, etwa einem Geschäftsessen, genügen zwei Wochen. Mit einer rechtzeitigen Einladung signalisieren Sie vor allem auch Respekt gegenüber Ihren Gästen und deren Aktivitäten bzw. Verpflichtungen.

Geben Sie in der Einladung den Anlass, das Datum und die Uhrzeit, den Ort und den Ablauf der Veranstaltung bekannt. Dazu gehören auch Hinweise auf eine Kleiderordnung, damit niemand under- oder overdressed erscheint, sowie die Art der Bewirtung. Für Ihre Gäste ist es hilfreich, wenn Sie eine Wegbeschreibung und eine vorbereitete Antwortmöglichkeit beilegen. Auf gar keinen Fall darf der Hinweis fehlen, bis wann man eine Zu- oder Absage erwartet.

Denken Sie im Vorfeld einer Veranstaltung auch über eine Sitzordnung nach. Haben Sie Ehrengäste, platzieren Sie diese mit dem besten Blick auf das Rednerpult, rechts neben den

Gastgeber. Achten Sie darauf, dass die Redner keinen weiten Weg zum Pult haben.

Wenn Sie eingeladen werden

Als Gast sollten Sie auf eine Einladung auf demselben Weg zu- oder absagen, wie Sie sie erhalten haben. Auf eine schriftliche Einladung antworten Sie also schriftlich, auf eine E-Mail dürfen Sie ebenso elektronisch reagieren und bei telefonischen Einladungen rufen Sie bitte zurück.

Für eine Einladung sollte man sich am Tag nach der Veranstaltung bedanken. Der Dank nimmt die Form der Einladung wieder auf. Also schriftliche Einladung – schriftlicher Dank, telefonisch – telefonischer Dank usw.

> Regel Nr. 64:
> Wichtige Bestandteile einer Einladung sind Anlass, Ort, Datum und Uhrzeit, aber auch Dresscode und Art der Bewirtung.

Dresscodes

Wie wichtig die Angabe eines Dresscodes in einer Einladung ist, zeigt folgendes Beispiel:

Beispiel

Eine Münchener Großbank lud Kunden und Mitarbeiter zur Weihnachtsfeier ein. Die Einladung war unter dem Motto „Zirkus" hübsch aufgemacht. Man lockte mit Zuckerwatte und Glühweinstand. Nun verbanden die Gäste, die zum ersten Mal dort eingeladen waren, das Thema Zirkus mit legerer Kleidung. Der Schreck war umso größer, als man dann auf die ersten Mitarbeiter der Bank in Abendkleidung traf. Lange Kleider bei den Damen und

Smoking bei den Herren. Schade, dass die Internen sehr wohl ein genaues Bild ihrer Weihnachtsfeier vor Augen hatten, doch dies leider nicht an ihre Gäste kommunizierten. Den meisten Gästen hat die Veranstaltung keinen großen Spaß bereitet und damit war das Ziel der Kundeneinladung ganz gewiss verfehlt.

Der Vermerk eines Dresscodes in einer Einladung ist deshalb ein freundlicher und sehr sinnvoller Hinweis, den man als Gast befolgen sollte. Nur der Gastgeber hat ein Bild seiner Veranstaltung vor Augen und möchte, dass dieser Rahmen durch die Kleidung der Gäste respektiert wird. Dresscodes für Abendanlässe:

- Kleiner Gesellschaftsanzug / Black tie (engl.) / tuxedo
- (amerik.) / Cravatte noire (franz.):
  Bedeutet für die Dame: langes Abendkleid
  Bedeutet für den Herrn: Smoking, kein dunkler Anzug
- Großer Gesellschaftsanzug / White tie (engl.) / Cravatte blanche (franz.):
  Bedeutet für die Dame: langes Abendkleid bzw. Ballkleid
  Bedeutet für den Herrn: Frack (den kann man übrigens ausleihen)
- Habit noir: Wahl zwischen Smoking und Frack

Denken Sie daran: Smoking und Frack dürfen die Sonne nicht sehen. Bei offiziellen und hochoffiziellen Veranstaltungen, die vor 17.00 Uhr beginnen, tragen Sie einen schwarzen Anzug mit steigenden Revers, Paspeltaschen und schlitzlosem Rückenteil.

Sollte Ihr Gastgeber so originelle, aber ungenaue Angaben machen wie „Tanzschuhe", „sportlich-elegant" oder „sommerlich-frisch", ist es ratsam vorher nachzufragen was genau damit gemeint ist. Allen Gastgebern geben wir den Tipp, die Kleidungsempfehlung in der Einladung möglichst klar und deutlich zu formulieren. Statt der Formulierung „business casual" bietet sich besser an: „Anzug ohne Krawatte".

Regel Nr. 65:
Halten Sie sich als Gast immer an die gewünschten Dresscodes. Ist in der Einladung kein Hinweis darauf zu finden, fragen Sie vorher beim Veranstalter nach.

Abkürzungen und andere Hinweise

Von Nutzen ist auch, wenn man die kleinen, oft abgekürzten Hinweise auf Einladungen kennt. Ihr Gastgeber wird es Ihnen danken und Sie geben keinen Anlass zum Getuschel. Folgende Abkürzungen können Ihnen begegnen:

R.s.v.p.	Répondez, s'il vous plaît = der Gastgeber bittet um Rückantwort
U.A.w.g.	Um Antwort wird gebeten = der Gastgeber bittet um Rückantwort
p.m.	pour memoire = erinnert an eine bereits zugesagte Einladung
s.t.	sine tempore (lat. ohne Zeit) = Bitte auf die Minute pünktlich erscheinen (z. B. bei Konferenzen)
c.t.	cum tempore (lat. mit Zeit) = Man kann bis zu 15 Minuten später kommen

Da man nicht sicher sein kann, ob jeder Gast diese Abkürzungen kennt, ist es besser, darauf zu verzichten. Bei der Formulierung „Bitte sagen Sie uns bis zum 15. Mai Bescheid, ob Sie mit uns feiern werden.", weiß jeder Eingeladene was zu tun ist. Eine andere Art auszudrücken, dass die Gäste pünktlich erscheinen sollen oder dass es etwas mehr Flexibilität gibt, sind folgende Formulierungen:

Ab ... Uhr	Die Gäste dürfen bis zu 30 Minuten später kommen.
Um ...Uhr	Die Gäste sollen pünktlich erscheinen, damit das Veranstaltungsprogramm nicht verzögert wird.
Von ... bis ... Uhr	Innerhalb dieser Zeitspanne dürfen Gäste kommen, aber auch gehen.

Ein weiterer Hinweis, der für den Eingeladenen oft hilfreich sein kann, ist die Information, ob es etwas zu Essen gibt. Beginnt eine Veranstaltung um 21:00 Uhr fragt man sich, ob man hungrig oder lieber satt erscheinen sollte. Formulierungen wie zum Beispiel: „Für Getränke und Essen ist reichlich gesorgt.", „Bringen Sie neben guter Laune auch noch viel Appetit mit" oder „Nach dem Essen erwartet Sie eine künstlerische Überraschung", weisen darauf hin, was Ihnen auf der Veranstaltung geboten wird.

Regel Nr. 66:
Verwenden Sie eindeutige Formulierungen und Zusätze bei Einladungen, die von Ihren Gästen verstanden werden. Informieren Sie die Eingeladenen und verwirren Sie sie nicht.

Antwortkarte

Ihre Regel sollte heißen: Eine Einladung niemals ohne Antwortkarte versenden. Dies kann in Form einer Karte sein, die man per Post oder Fax schicken kann oder auch ein gesondertes DIN A4-Blatt für die Faxantwort. Wichtige Elemente der Antwortvordrucke sind:

- Antworttermin: Bis wann wünscht der Gastgeber eine Rückmeldung?
- Anzahl der Gäste: Nutzen Sie hier immer die Formulierung „Ich komme gerne und bringe __ Personen mit". Die oft verwendete Variante „Ich komme mit __ Personen" stiftet Verwirrung, ob sich der Eingeladene mitgezählt hat oder nicht.

> Regel Nr. 67:
> Werden Sie um Zu- oder Absage zu einer Veranstaltung gebeten, halten Sie sich unbedingt an das gewünschte Rücksendedatum. Der Veranstalter möchte seine Planungen zu diesem Zeitpunkt abschließen und beispielsweise den Caterer beauftragen.

Gastgeschenke

Empfangen Sie Gäste in Ihrem Unternehmen, bereiten Sie ein kleines Geschenk zum Abschied vor. Dies kann ein Produkt aus Ihrem Hause sein oder etwas Regionales für ausländische Gäste (z. B. Wein von der Mosel). Bleiben Ihre Gäste bei einem Event über Nacht, können Sie als Gastgeber die Präsente ins Hotelzimmer legen lassen. Denken Sie daran, eine Visitenkarte mit einem persönlichen Gruß beizulegen. Gastgeschenke müssen nicht persönlich überreicht werden, sollten aber Wertschätzung ausdrücken.

Gastgeschenke als Eingeladener

Die häufigsten Anlässe für Gastgeschenke sind Geschäftsbesuche oder Einladungen zum Essen, also persönliche Einladungen im kleineren Rahmen. Wahren Sie bei Geschenken an Geschäftspartner die Verhältnismäßigkeit. Wägen Sie ab, welche Bedeutung er für Sie hat. Um dem Beschenkten eine wirkliche Freude zu bereiten, erkundigen Sie sich vorher bei der Sekretärin oder Kollegen über seine Vorlieben. Präsente aus dem Werbemittelvorrat kommen selten gut an. Je seltener ein Ereignis gefeiert wird, desto aufwändiger ist das Geschenk. Sind Sie zu einer großen Abendveranstaltung eines Unternehmens eingeladen, verzichten Sie auf ein Geschenk. Hier genügt der Dank am nächsten Tag.

Blumen als Geschenk

Sind Sie bei Ihrem Chef oder einem Geschäftspartner im privaten Rahmen zum Abendessen eingeladen, ist ein Geschenk für die Gastgeberin ein Muss. Geschickt wäre es, den Strauß bereits am Vormittag anliefern zu lassen, damit die Gastgeberin nicht alle Blumensträuße der eintreffenden Gäste gleichzeitig versorgen muss. Findet das Essen im Restaurant statt, wäre es unpraktisch für die Gastgeber viele Blumensträuße nach Hause zu tragen. Lassen Sie die Blumen auch in diesem Fall vor oder nach der Einladung liefern. Sind Sie als Paar eingeladen, überreicht der Herr der Dame den Blumenstrauß. Vorher entfernen Sie die Papierverpackung.

Klarsichtfolie wirkt repräsentativ und darf dranbleiben. Schöner wirkt der Blumenstrauß jedoch ohne Verpackung. Die Beschenkte sollte den Strauß mit beiden Händen entgegennehmen und die Blumen gleich ins Wasser stellen. Zum Blumenstrauß bei offiziellen Feiern gehört eine Karte mit einem persönlichen Grußtext. Bei einer geschäftlichen Einladung, zu einem Empfang, zum Cocktail, zum Diner oder Kondolenzbesuch bringen Sie keine Blumen mit.

Regel Nr. 68:
Gastgeschenke sollten am Ende einer Besprechung oder einer Veranstaltung übergeben werden. Bei Übernacht-Gästen kann man sie auch mit Visitenkarte ins Hotelzimmer legen lassen. Blumen sollten Sie bei Feiern im Restaurant lieber an die Privatadresse des Gastgebers liefern lassen. Wenn Sie Blumen persönlich überreichen, gilt: Der Herr überreicht sie der Gastgeberin ohne Verpackung.

Aufgaben des Gastgebers

Beispiel

Zwei Projektteams wurden zu einem ersten Kennenlernen vom Projektleiter zum Abendessen eingeladen. Eine Mitarbeiterin hatte dem Gastgeber bereits angedeutet, dass sie sich wegen eines Kundentermins um 30 Minuten verspäten und wahrscheinlich erst zum Hauptgang erscheinen würde. Als sie ins Restaurant kam, war die Runde wie vermutet gerade bei der Vorspeise und in Gespräche vertieft. Sie schaute verunsichert in die Runde, nickte und setzte sich an den freien Platz, nachdem sie mit ihrem Chef und Gastgeber Hilfe suchend Blickkontakt aufgenommen hatte. Von ihm kam leider keine Erklärung, wer sie sei.

Diese Situation ist nicht ganz einfach. Natürlich soll die Mitarbeiterin nicht um den Tisch herumlaufen und jedem die

Hand reichen, nachdem die Gäste bereits mit dem Essen begonnen haben. Auf jeden Fall sollte sie sich aber, wenn der Gastgeber und Chef dazu keinerlei Anstalten machen, der Runde kurz selbst vorstellen. Dazu ist in dieser Situation kein Händedruck nötig. Schöner wäre es jedoch, wenn der Gastgeber seine Freude zum Ausdruck bringt, dass sie es doch noch geschafft hat zu kommen. Er sollte kurz aufstehen, Sie begrüßen und dann der Runde vorstellen. Keiner der Gäste muss dabei aufstehen und das Essen unterbrechen.

Als Gastgeber sollte Ihre wichtigste Aufgabe sein, dafür zu sorgen, dass sich Ihre Gäste wohl fühlen. Jeder Mensch hat Grundbedürfnisse, auf die Sie als Gastgeber eingehen sollten. Sorgen Sie für eine angenehme Atmosphäre, indem Sie Ihren Gästen etwas zu essen und zu trinken anbieten, sie mit dem Rücken zur Wand platzieren und sich im Gespräch voll auf den Gast konzentrieren. Sie stellen unbekannte Menschen einander vor und geben im Zweifel ein Small Talk-Thema für sie vor, da Sie wissen, welche Gemeinsamkeiten bestehen könnten.

Regel Nr. 69:
Ein guter Gastgeber sollte stets die Fäden ziehen, doch nie im Mittelpunkt stehen. Er kommuniziert ständig mit verschiedenen Gästen, beherrscht den Small Talk perfekt, ist immer sichtbar und sorgt für das Wohlergehen seiner Gäste.

Das Geschäftsessen vorbereiten

Arbeitsessen sind im Geschäftsleben ein wichtiges Instrument geworden. Man kann erfolgreiche Abschlüsse feiern, neue Geschäfte vorbereiten oder die Beziehung zu einem Kunden intensivieren. Es geht hier also weniger um Nahrungsaufnahme, als vielmehr darum, die geschäftliche Beziehung zu pflegen und zu erhalten. Und um einen guten Eindruck beim Geschäftspartner zu hinterlassen, sollte man Tischmanieren beherrschen. Wer entspannt isst, kann sich in Ruhe auf den Inhalt des Gespräches bei Tisch konzentrieren. Es gilt noch immer die Faustregel: Je fremder die Personen in der Runde oder je offizieller der Anlass, desto wichtiger ist es, die Tischsitten zu beherrschen.

Meist werden Geschäftsessen dazu genutzt, eine Besprechung entstehen zu lassen. Sie sprechen die zwei wichtigsten geschäftlichen Punkte nach dem Dessert an und schlagen vor, sie in einem Meeting intensiver zu besprechen. Kommt Ihr Geschäftspartner aber von selbst auf das Thema Business, können Sie selbstverständlich darauf einsteigen. Neuerdings werden auch Bewerber zu Testessen eingeladen, um ihre repräsentativen Fähigkeiten zu überprüfen. Hier kann der Gang in die Kantine zum Karrierekiller werden.

Das richtige Restaurant auswählen

Die erste Falle beim Geschäftsessen kann bereits die Wahl des Restaurants sein. Ihr Geschäftspartner bittet Sie, da er nicht ortskundig ist, einen Tisch zu reservieren. Schön, aber wo? Fischrestaurant oder Italiener um die Ecke? Soll's was Ausgefallenes sein? Unser Tipp in dieser Situation: Bleiben Sie in der mittleren Preiskategorie. Ein weiterer wichtiger Faktor bei der Auswahl ist, dass die Tische weit genug auseinander stehen, damit Gespräche nicht mitgehört werden können. Der gute Gastgeber sollte ein Restaurant auswählen, auf das er sich verlassen kann, dessen Service hervorragend ist und dessen Küche ihn auch nicht durch verliebte Köche im Stich lässt. Klären Sie vorab, ob es Personen unter den Eingeladenen gibt, die bestimmte Diäten leben oder Vegetarier sind. Sollten Sie eingeladen sein, outen Sie sich als solcher bei der Einladung. Überlegen Sie sich auch, wo Sie, Ihre Kunden oder Mitarbeiter sich wohl fühlen. Ist der Eingeladene offen für Neues oder mag er lieber traditionelle Gerichte? Suchen Sie ein Lokal aus, das man gut erreichen kann. Die Wahl Ihres Restaurants ist unter anderem ein Zeichen dafür, welche Relevanz Ihr Kunde für Sie hat.

Sitzordnung

Bei offiziellen Einladungen spielen Sitzordnungen eine wichtige Rolle, da man an ihr den gesellschaftlichen Rang der Eingeladenen ablesen kann. Je näher beim Gastgeber, desto höher ist man gestellt. Ehepartner nehmen dabei übrigens den gleichen Rang an.

Beispiel

Bei einer Firmeneinladung zum Bundespresseball in Berlin, konnte man einmal sehr schön beobachten, wie wenig eine Tischordnung von manchen Gästen geschätzt wird. Nachdem die ersten Gäste am reservierten Tisch eintrafen und den Gastgeber begrüßten, warfen sie einen Blick auf die Namensschilder neben dem Gedeck. Eine Dame in großer Robe zupfte am Sakkoärmel ihres Mannes und fragte „Kennst du die?", während sie möglichst unauffällig auf den Tisch deutete. Ein harsches „Nein" des Gatten ermächtigte sie dann zum schnellen Tausch der Tischkarten in Richtung bekanntes Ehepaar. Offensichtlich war ihr überhaupt nicht klar, dass der Gastgeber sehr bewusst eine geschäftlich-strategische Sitzordnung gewählt hatte.

Eine vorgegebene Sitzordnung sollte nicht eigenmächtig verändert werden. Bei größeren Veranstaltungen mit Sitzordnung beugt dem eine Placement-Tafel am Eingang vor. Hier können sich die Gäste vorab über ihren Platz informieren. Laden Sie Ihre Geschäftspartner ins Restaurant ein, bekommen Ihre Gäste die besten Plätze, also mit Blick in den Raum. Dies steuert der Einladende dezent mit Sätzen wie „Ach, Herr Dr. Huber, kommen Sie doch an meine rechte Seite." Mit den teilnehmenden Mitarbeitern sollte im Vorfeld geklärt werden, wer sich um welchen Gast kümmert. Dabei spielt auch eine Rolle, wer mit wem eine anregende Unterhaltung führen kann. Den IT-Spezialist neben den Buchhalter der Partnerfirma zu platzieren, wäre eher ungeschickt. Bei internationalen Kontakten müssen außerdem auch Sprachkenntnisse berücksichtigt werden. Die Gäste nehmen zuerst Platz, als gastgebender Vorgesetzter sollten Sie warten, bis Ihre Mitarbeiter sitzen. Die Sitzordnung ist dafür da, anregende Gespräche zu fördern, sie kann ausschlaggebend für das Gelingen des Abends sein.

Regel Nr. 70:
Der wichtigste Gast sitzt entweder rechts vom Gastgeber oder ihm gegenüber. So ist eine anregende Kommunikation sichergestellt.

Tischanordnungen

Auch die Tischanordnung sagt etwas über die Wichtigkeit der Gäste aus. Bei großen Veranstaltungen gibt es verschiedene Möglichkeiten, Tische anzuordnen. Am kommunikativsten sind mehrere runde Tische. Die Tische werden im Raum so angeordnet, dass der Ehrentisch am nächsten zur Bühne oder Tanzfläche steht. Alle weiteren Tische werden dem Raum gemäß verteilt. Je näher Sie am Ehrentisch sitzen (Tisch 1 in der folgenden Abbildung), desto wichtiger sind Sie. An jedem Tisch sollte ein stellvertretender Gastgeber sitzen, der auch das Zeichen für den Start des Essens an diesem Tisch gibt.

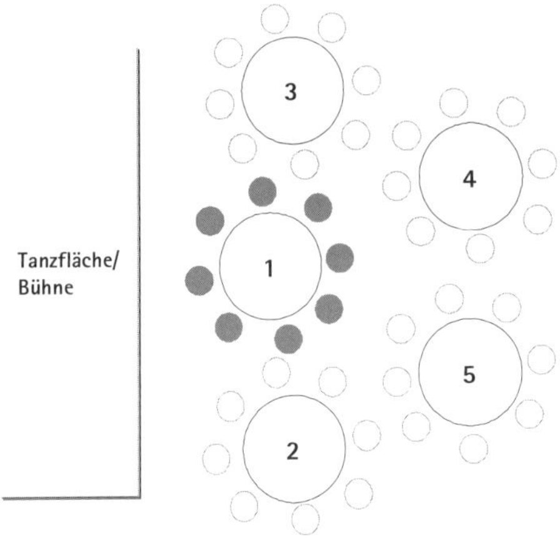

Für große Gesellschaften mit nur einem Ehrengast eignet sich die Kamm-Tafelform oder U-Form. Die Hauptperson sitzt mit dem Gastgeber in der Mitte der Tafel und alle Anwesenden haben einen guten Blick auf den Ehrengast. Auch hier gilt: Je näher Sie am Ehrengast und Gastgeber sitzen, desto wichtiger sind Sie.

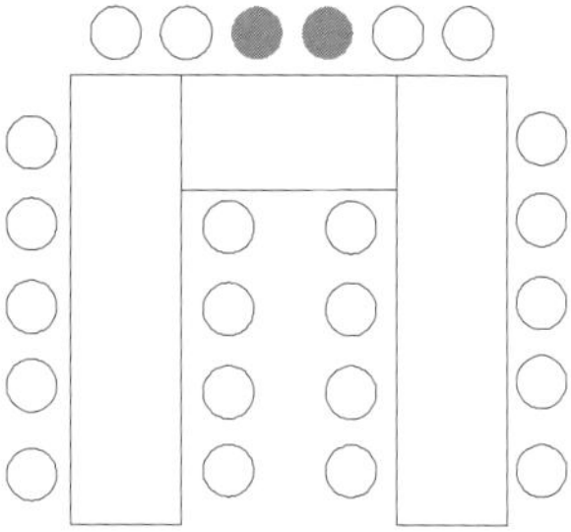

Eine lange Tafel ist recht unkommunikativ und eignet sich nur, wenn die Gruppe nicht mehr als 14 Personen zählt. Hier sitzen sich Gastgeber und Ehrengast in der Mitte gegenüber oder der Ehrengast wird rechts neben den Gastgeber platziert.

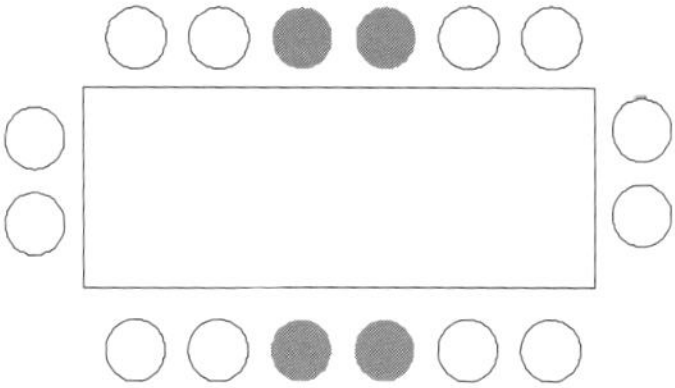

Übrigens ist es eine Grundhöflichkeit, sich mit Namen vorzustellen, wenn Sie bei einer Veranstaltung zusammen mit Fremden an einem Tisch platziert werden. Auch ein kleines Gespräch gehört zum guten Auftritt. Treten Sie an einen

Tisch, an dem bereits viele Gäste sitzen, stellen Sie sich bei jedem einzelnen vor, solange noch nicht gegessen wird.

> Regel Nr. 71
> Der Ehrengast sitzt rechts vom Gastgeber am „besten" Tisch, also nah an der Bühne oder Tanzfläche.

Der Ablauf eines Restaurantbesuchs

Sollten Sie sich mit Ihren Gästen im Restaurant verabreden, warten Sie nicht am Tisch, sondern an der Bar oder in der Nähe des Eingangs auf Ihre Gäste. Stellen Sie unbekannte Gäste einander vor und starten Sie den Small Talk.

Betreten des Restaurants

Sicher kennen Sie die Unsicherheit am Eingang eines Restaurants. Sie wissen, der Dame oder dem Gast wird die Tür aufgehalten, doch der Einladende sollte zuerst im Restaurant sein und signalisieren, dass er der Gastgeber ist. Wie soll das gehen? Ganz einfach:

Der Mann hält der Frau/dem Gast die Tür auf, die Frau/der Gast tritt in den Vorraum des Restaurants ein, wartet, bis der Gastgeber eintritt und lässt ihm den Vortritt, um den Kellner anzusprechen. Gibt es keinen Vorraum, wartet die Frau/der Gast nach dem Eintreten ins Restaurant auf den Mann, so dass er zuerst den Wunsch eines Tisches beim Kellner aussprechen kann. Ist die Frau Gastgeberin, übernimmt sie diese Rolle. So manche Unsicherheit mag Sie schon beim Gang zum Tisch beschlichen haben. War es korrekt, dass Sie als Gastgeber zum Tisch voraus gingen? Wie führt man einen Gast zum Tisch? Sollte der Oberkellner Sie nicht zum Tisch geleiten, geht der Gastgeber vor, denn er weiß, welchen Tisch er reserviert hat. Werden Sie vom Kellner geführt, geht der Gast vor Ihnen direkt hinter dem Kellner zum Tisch.

Gastgeberin **Kunde**

Kunde Gastgeberin

Kunde Gastgeberin

Frau als Gastgeberin

Beispiel

Eine Geschäftsfrau hatte Ihren Kunden, einen etwas älteren Herren, zum Essen eingeladen. Als Sie ins Restaurant kamen, begrüßte der Eingeladene den Oberkellner mit den Worten: „Die Dame hier", und zeigte dabei auf die Einladende, „hat einen Tisch bestellt." Woraufhin sie jetzt zum Zug kam. Es sollte eine nette höfliche Geste sein, kam jedoch bei der Geschäftsfrau leider nicht als solche an. Sie kam sich eher deplatziert vor.

Geschäftsfrauen verhalten sich als Einladende genauso wie männliche Gastgeber und werden auch ebenso respektiert. Sie reservieren den Tisch, bekommen vom Oberkellner die Weinkarte gereicht und bezahlen auch die Rechnung.

Stellen Sie schon bei der Einladung klar, wer der Zahlende ist. Kommt es doch zum Geschlechterkampf, wenn es um das Bezahlen geht, und der eingeladene Gast möchte die Rechnung übernehmen, versuchen Sie, höflich darauf hinzuweisen, dass Sie ihn einladen wollten. Bleibt er beharrlich, fangen Sie nicht an zu streiten und lassen Sie ihm seinen Willen. Bedanken Sie sich und merken Sie eventuell an, dass Sie das nächste Essen übernehmen.

Regel Nr. 72
Sind Frauen Gastgeber, übernehmen sie im beruflichen Umfeld die gleichen Aufgaben wie männliche Gastgeber. Sie signalisieren dem Kellner gleich zu Beginn, dass sie den Tisch reserviert haben, übernehmen die Weinauswahl und bezahlen die Rechnung.

Kleinigkeiten, auf die es manchmal ankommt

Gute Bekannte am Nebentisch

Stellen sie sich vor, Sie gehen mit einem Geschäftspartner in Ihr Stammlokal. Wie es der Zufall will, treffen Sie dort auf gute Bekannte, die bereits beim Essen sind. Verzichten Sie auf das übliche Begrüßungsritual und grüßen Sie nur mit einem freundlichen Kopfnicken aus der Ferne. Es wäre sehr unhöflich, Ihren Gast ohne Beachtung im Restaurant stehen zu lassen, während Sie Ihre Bekannten formgerecht am Tisch begrüßen.

Ist Ihnen dies zu wenig, gehen Sie zum Tisch und sagen ein paar nette Worte wie „Ich möchte nicht stören und nur einen genussvollen Abend wünschen. Wir sehen uns nächsten Dienstag ...".

„Herr Ober?"

Bedienungen werden nicht mit lautem Rufen oder gar Fingerschnipsen herbei gebeten. Zur Jahrhundertwende des 19./20. Jahrhunderts klingelte man in gehobenen Häusern bei Tisch dezent eine Glocke, um das Hauspersonal herbei zu bitten. Hiermit sollte man heutzutage jedoch vorsichtig sein, weil das Läuten einer Glocke in vielen Gaststätten bedeutet, eine Lokalrunde zu spendieren oder vom Personal als unhöfliche Serviceaufforderung verstanden werden kann.

Doch wie ruft man heutzutage stilvoll das Servicepersonal? „Herr Ober" ist out, „Fräulein" sowieso. Die schönste Variante ist, das Personal mit Namen anzusprechen. Dies setzt voraus, den Namen zu erfahren. Entweder trägt das Personal Namensschilder oder Sie fragen als Gastgeber bereits beim Betreten des Lokals nach. Galanter ist es, den Kontakt durch Blicke aufzunehmen. Aufmerksames Personal wird Sie so bemerken. In einigen serviceorientierten Restaurants findet man teilweise auch ein Schild auf dem Tisch, das die zuständige Servicekraft benennt.

Dem Personal sollten Sie nach jeder Tätigkeit verbal oder nonverbal danken. Dies kann ein freundlicher Blickkontakt mit einem angedeuteten Nicken sein oder ein paar freundliche Worte wie „vielen Dank".

Regel Nr. 73
Nehmen Sie Blickkontakt zum Service auf oder sprechen Sie den Kellner mit Namen an.

Wohin mit der Handtasche?

Neuerdings gibt es in einigen Restaurants für die Handtasche der Dame ein eigenes Bänkchen rechts unten neben dem Stuhl. Ist in Ihrem Lokal dieses Bänkchen noch nicht vorhanden, platzieren Sie die Tasche bitte unter Ihrem Stuhl. Oder auch auf dem Nachbarstuhl, sofern er frei ist. Auf der Lehne könnte die Tasche den Kellner beim Servieren stören.

Kleine Abendtaschen, so genannte Clutches, die keine Griffe haben und nur in der Hand getragen werden, legen Sie bitte bei geschäftlichen Abendveranstaltungen nicht auf den Tisch, sondern möglichst hinter sich auf den Stuhl.

Regel Nr. 74
Große Taschen auf der Stuhllehne können den Kellner beim Servieren behindern. Taschen dürfen auf freien Stühlen oder unter dem eigenen Stuhl abgestellt werden.

Wohin mit dem Jackett?

Die zentrale Frage vieler Herren ist: Jackett im Restaurant anlassen oder ausziehen? Darauf gibt es nur eine Antwort: anlassen. Das Jackett gehört im Businessumfeld zu einem vollständigen Herrenoutfit. Erhalten Sie, z. B. an heißen Sommertagen oder ab einer gewissen Uhrzeit vom Gastgeber die Freigabe, das Sakko abzulegen, hängen Sie es nicht über die Stuhllehne. Das Jackett gehört, wie andere Jacken auch, an die Garderobe. Wo man Handy, Geld und Schlüssel deponiert, lesen Sie im nächsten Abschnitt.

Regel Nr. 75
Das Sakko wird erst nach Genehmigung durch den Gastgeber oder Ranghöchsten abgelegt und dann an die Garderobe gehängt.

Das Proletengedeck

Sie betreten ein Restaurant mit Ihrem Kollegen, finden einen freien Tisch und setzen sich. Meistens folgt auf das Ausziehen des Jacketts das Positionieren von Handy, Schlüssel und Geldbeutel auf dem Tisch, da Mann nicht weiß, wohin damit.

Das „Proletengedeck" sieht man leider auch in gehobenen Restaurants, es gehört jedoch definitiv nirgends auf den Tisch. Bitte verstauen Sie Handy, Geldbeutel und Autoschlüssel im Sakko oder in der Hosentasche, liebe Herren, oder in Ihrer Handtasche, liebe Damen.

Es stellt sich sowieso die Frage, warum man im Restaurant ein Handy dabei haben muss. Die Aufmerksamkeit gehört den Gesprächspartnern und nicht einem potenziellen Anrufer. Deshalb kann man das Handy getrost im Auto lassen und im Handschuhfach einschließen. Die eingerichtete Mailbox sorgt dafür, dass Sie keinen Anruf versäumen.

> Regel Nr. 76
> Herren sollten nur die wichtigsten Utensilien mit ins Restaurant nehmen. Weder ausgebeulte Sakkotaschen noch Handys auf dem Tisch hinterlassen einen stilvollen Eindruck.

Ihre Aufgaben als Gastgeber im Restaurant

Als Gastgeber im Restaurant haben Sie einige Pflichten, die Sie wahrnehmen sollten.

Zahlen und Bestellen

Diese Frage sollte schnellstens, am besten noch vor der ersten Bestellung geklärt sein. Grundsätzlich gilt: Wer die Einladung ausspricht, der zahlt. Unmissverständlich tut man dies, indem man die Einladung ausspricht mit den Worten: „Ich möchte Sie zum Essen einladen ...." Und nicht mit der Standardfrage „Wollen wir mal essen gehen?" Nun weiß aber der Eingeladene noch immer nicht, ob es ein mehrgängiges Menü sein soll oder nicht. Auch hier ist Orientierung angesagt, am besten mit einer Empfehlung. Dann weiß der Gast auch, in welchem Preisgefüge er sich bewegen kann. Hat sich der Gast dann für eine Vorspeise entschieden, muss der Gastgeber ebenfalls eine Suppe oder Vorspeise wählen. Sonst sitzt der Gast alleine vor seinem Salat. Das gleiche gilt auch für die Getränkewahl. Hat sich der Gast für ein Glas Wein entschieden, lässt man ihn als Gastgeber nicht allein damit.

Ausländische Gäste freuen sich über Empfehlungen vom Gastgeber in Sachen lokale Weine und Speisen.

Neben der Restaurantwahl, dem Auswählen von Menüs und korrespondierenden Weinen sowie der passenden Sitzordnung liegt auch der Ablauf des Essens in der Hand des Gastgebers.

Das Mahl einnehmen

Die Gastgeberin oder der Gastgeber eröffnen das Essen nicht, indem Sie „Guten Appetit" wünschen. Erheben Sie stattdessen lieber Ihr Glas und sprechen Sie einen netten Dank oder Wunsch für den Abend aus. Prosten Sie Ihren Gästen zu und greifen Sie dann zu Messer und Gabel. Dies ist das eindeutige Signal für die Gäste, mit dem Essen zu beginnen.

Nach dem Start koordinieren Sie unter Umständen den Small Talk, wenn dieser nicht von selbst läuft. Beziehen Sie ruhige Gäste in Gespräche ein und bremsen Sie dezent die Alleinunterhalter.

Als Gastgeber sollten Sie das Tempo kontrollieren, mit dem Sie das Mahl einnehmen. Denn wenn Sie zu schnell fertig sind, könnten sich die Gäste unter Druck gesetzt fühlen. Lassen Sie also immer einen kleinen Rest auf dem Teller und signalisieren Sie mit dem gekreuzten Besteck, dass Sie nur eine Pause machen. Wenn alle Gäste fertig sind, können Sie den letzten Happen essen.

Achten Sie darauf, dass alle Gäste stets mit Getränken versorgt sind. Versäumt der Kellner das Nachschenken des Wassers, können Sie diese Aufgabe übernehmen.

Das Ende eines geschäftlichen Essens besteht nicht aus dem Bezahlen der Rechnung, wie viele zu glauben scheinen. Der stilvolle Gastgeber sorgt dafür, dass seine Gäste gut nach Hause kommen. Er bestellt auf seine Kosten Taxen oder bittet seine Mitarbeiter darum, die Gäste zu fahren.

Die Gastgeberpflichten im Überblick:

1 Restaurantwahl
   Vorlieben und Restriktionen des Gastes erfragen
   Restaurant auswählen
   günstigen Zeitpunkt wählen und Anfahrt regeln
   Sitzordnung festlegen

2 Begrüßung
   Gäste an der Bar begrüßen (Rangfolgen beachten)
   Gäste vorstellen und bekanntmachen
   Plätze zuweisen

3 Essen und Getränke
   Aperitif anbieten

über Anzahl Gänge und Weine informieren, wenn Menu im voraus arrangiert wurde
bei der Auswahl behilflich sein
Wein auswählen oder Sommelier einbeziehen
Startzeichen geben

4 Gesprächsführung
kurze Tischrede halten, wenn nötig
Themen vorbereiten (max. 1-2 geschäftliche Punkte)
alle Gäste einbeziehen

5 Abend beenden
nach dem Kaffee die Tafel aufheben
diskret (nicht am Tisch) bezahlen
Rückfahrt klären, evtl. Taxi organisieren

> Regel Nr. 77
> Als Gastgeber führen Sie Regie: vor, während und nach dem Essen.

Aperitif

Der Aperitif ist ein leicht alkoholisches Getränk, das den Appetit vor dem Mittag- oder Abendessen anregen soll. Oft werden dazu salzige Knabbereien, Oliven oder Fingerfood gereicht.

Die typischen Getränke

Zu den typischen Aperitifgetränken zählen Sekt, Champagner, Prosecco, Martini oder Campari-Orange. Bier zählt nicht zu den Aperitifen, Sie können aber dennoch ein Bier bestellen. Als Kenner zeichnen Sie sich deshalb aus, wenn Sie dieses mit den Worten „ich hätte gerne ein Bier anstatt Aperitif" bestellen und nicht „ich hätte gerne ein Bier als Aperitif". Der Aperitif ist die letzte Gelegenheit für die Raucher, eine Zigarette zu anzuzünden. Die nächste Zigarette gibt es erst wieder nach dem Dessert.

Wohin mit dem Gläsern?

Stellen wir uns nun drei typische Aperitif-Situationen vor:

Beispiel

Stehempfang vor dem Essen

Sie halten Ihr Glas in der linken Hand, damit Sie die rechte Hand zum Grüßen frei haben. Das Glas ist noch halb voll, als der Gastgeber Sie in den nächsten Raum zu Tisch bittet. Was tun Sie mit Ihrem Glas? Bitte stellen Sie das Glas auf die Stehtische, eine Fensterbank oder einen freien Tisch ab. Tragen Sie das Glas nicht durch den Raum, dies tut nur das Servicepersonal.

In kleiner Runde an der Bar

Sie haben einen Tisch für zwei Personen bei Ihrem Lieblingsitaliener reserviert. Bei der Ankunft sagt Ihnen der Kellner, dass Ihr Tisch leider noch nicht fertig sei und bittet Sie zum Aperitif an die Bar. Die Cocktails werden gebracht, Sie stoßen mit Ihrer Begleitung an und schon kommt der Hinweis, dass der Tisch nun fertig ist. Was machen Sie mit Ihrem Cocktail? Sie entscheiden sich entweder, den Aperitif in aller Ruhe an der Bar fertig zu genießen oder bitten den Kellner, Ihnen die Gläser an den Tisch zu bringen. Da Sie nur in kleiner Runde unterwegs sind, kann der Kellner Ihre Getränke leicht zuordnen.

Aperitif am Tisch

Bei der Frage des Kellners nach einem Aperitif, lassen Sie Ihren Gast entscheiden. Ist er zögerlich, schlagen Sie z. B. ein Glas Sekt oder Champagner vor. Wählt Ihr Gast keinen Alkohol, nehmen Sie auch keinen. Das Essen wird gewählt, der korrespondierende Wein dazu auch und der erste Gang wird serviert. Sie erheben das

Weinglas und eröffnen das Essen. Was passiert nun mit dem Champagner? Wie lange dürfen Sie den Aperitif noch trinken?

Grundsätzlich sollten Sie in der Reihenfolge der Getränke nie rückwärts gehen. Sobald mit dem Wein zum ersten Gang angestoßen wurde, bleibt der Aperitif stehen. Da jedoch ein Kellner nie ein halbvolles Glas abräumen würde, bitten Sie ihn am besten aktiv darum. Dann besteht keine Gefahr mehr, zum „falschen" Glas zu greifen.

Regel Nr. 78
Ein Aperitif ist ein leichtes alkoholisches Getränk, das den Gaumen auf das Essen vorbereiten soll. Lassen Sie den Aperitif stehen, sobald mit dem Wein angestoßen wurde.

Weinwahl des Gastgebers

Beispiel

Dass die Wahl des Weines zu den Aufgaben des Gastgebers gehört, ist auch nicht allen geläufig. Ein Projektleiter lud seine Kunden und das Projektteam zum Abendessen ein. Alle Teilnehmer wählten à la Carte und der Kellner brachte anschließend dem Projektleiter als Gastgeber die Weinkarte. Der studierte sie und sagte: „Gut, ich hätte gern ein Glas Chenin Blanc.", klappte die Karte wieder zu und übergab sie dem Ober. Dieser und seine Gäste schauten ihn verblüfft an. Wie und ob die anderen Gäste etwas zu trinken bekamen, wurde uns nicht erzählt.

Damit haben wir bereits die wichtigste Entscheidung geklärt: Ein offener Wein ist bei einem Abendessen ein Fauxpas.

Am besten den Oberkellner um Empfehlung bitten

Dem Gastgeber obliegt also die oft schwierige Wahl des Weines. Unterschiedliche Vorlieben und Gerichte müssen berücksichtigt werden, die Kosten sollten nicht aus dem Ruder laufen und ein ausgewiesener Weinkenner sitzt vielleicht mit am Tisch. Das klingt nach einer schwierigen Situation, aber sie ist lösbar. Wir empfehlen Ihnen, sich grundsätzlich einen Wein vom Sommelier oder dem Oberkellner empfehlen zu lassen. Angst vor einer zu teuren Empfehlung müssen Sie nicht haben, wenn Sie die preisliche Obergrenze mit dem Oberkellner absprechen, bevor die Gäste kommen. So entfällt das lästige Blättern in der Weinkarte und Sie können den Gästen Ihre volle Aufmerksamkeit widmen.

Beispiel

Die Weinwahl dem Gast zu überlassen, kann schwerwiegende Folgen haben. Einem Berater in der Medizintechnik ist es einmal so ergangen. Aus Höflichkeit und mit dem Wissen, dass der eingeladene Arzt Weininteressierter ist, hat er die Auswahl dem Gast überlassen. Das Ergebnis konnte er dann der Rechnung entnehmen: 270,- Euro die Flasche. Da hilft dann nur noch: Augen zu und durch.

Wie teuer, welche Farbe?

Möchten Sie die Weinwahl und damit auch das Budget gerne im Griff behalten, beherzigen Sie die folgende Geschichte:

Beispiel

In einer französischen Studie verkosteten 57 Weinexperten exakt denselben Bordeaux in unterschiedlichen Flaschen. Die Profis lobten einstimmig die "Grand-Cru-Abfüllung" und rümpften beim vermeintlichen Tafelwein die Nase.

Was lernen wir daraus? Wir sollten uns von großen Namen und Marken nicht blenden lassen. Über Geschmack lässt sich bekanntlich nicht streiten, deshalb sagen wir: Zeigen Sie Stil und stehen Sie zu Ihrer eigenen Meinung.

Eine alte Regel besagt, dass zu hellem Fleisch und Fisch Weißwein und zu dunklem Fleisch Rotwein gereicht wird. Grundsätzlich kann man sich daran halten, obwohl heute auch Rotweine zu Fisch gereicht werden. Eine weitere Grundregel lautet: Leichte Weine werden vor schweren, trockene vor lieblichen, jüngere vor älteren und weiße vor roten gereicht. Reichen Sie zur Suppe keinen gesonderten Wein.

Regel Nr. 79
Die Weinwahl ist Sache des Gastgebers und dieser sollte sich nie für offene Weine entscheiden. Wenn Sie selbst kein Weinkenner sind, lassen Sie sich vom Ober beraten, nachdem Sie mit ihm die preisliche Obergrenze vereinbart haben (vor dem Eintreffen Ihrer Gäste).

Wein degustieren

Das Weinglas des Gastgebers wird zunächst mit einem Schluck befüllt, damit er den Wein degustieren kann. Hier wird der Wein lediglich auf objektive Trinkbarkeit geprüft, also ob er richtig temperiert oder eventuell korkig ist. Verzichten Sie deshalb auf große Gesten wie Gurgeln, Schlürfen oder Farbe prüfen. Schmeckt Ihnen der Wein nicht, ist dies kein Grund zur Reklamation. Die Gläser werden zum Befüllen wie zum Trinken nur am Stiel angefasst. Beim Wechsel von Rot- auf Weißwein wird das Glas gewechselt, da verschiedene Glasgrößen den Geschmack der unterschiedlichen Weinsorten unterstreichen.

Von Weißwein zu Rotwein

Wein darf nicht gemischt werden. Sollte also noch ein Rest Weißwein im Glas sein, darf hier nicht Rotwein oder eine andere Sorte Weißwein draufgeschenkt werden. Füllen Sie auch keine halbvollen Gläser nach. Vor allem nicht, wenn es sich um Rotwein handelt. Es sollten nur ganz leere Gläser nachgeschenkt werden. So kann Ihr Gast auch am besten kontrollieren, wie viel er getrunken hat. Sollten Sie nichts mehr trinken wollen, lassen Sie einen kleinen Rest im Glas.

Wird mit der Speisenfolge der Wein gewechselt, während Sie noch vom ersten Wein etwas im Glas haben, müssen Sie ihn nicht austrinken. Sie können aber den Wunsch äußern, beim leichteren Wein zu bleiben. Wenn Sie aus einem neuen Weinglas trinken, also zum Beispiel vom Weißwein zum Rotwein übergegangen sind, dürfen Sie das alte nicht mehr leeren.

Behalten Sie immer einen kleinen Rest Wein in Ihrem Glas. Sie wissen nie, wann es den allerletzten Toast gibt. Ist Ihr Glas dann leer, geht die Hektik los, wo Sie jetzt Wein herbekommen. Denn mit leeren Gläsern stößt man nicht an.

Wein und Wasser

In südlichen Ländern ist es längst üblich, aber auch bei uns sollte neben jeder Flasche Wein auch eine Flasche Wasser stehen. Das Wasser ist gegen den Durst, der Wein zum Genießen. Außerdem weitet das Wasser den Magen, der Alkoholgehalt des Weines kann sich also über eine größere Fläche der Magenschleimhaut verteilen, wo er bereits etwas abgebaut wird. Das Wasser zum Wein sollte neutral schmecken und nicht so viel Kohlensäure enthalten. Ein stilles Wasser macht nicht so schnell satt.

Süßer Wein, Digestif und Bier

Mit dem Dessert können Gastgeber einen süßen Wein oder einen Schaumwein servieren. Abgerundet wird ein Essen mit einem Digestif. Hierzu zählen hochprozentige Getränke wie Cognac, Whisky, Magenbitter oder Schnäpse. Sie helfen, das Essen zu verdauen.

Immer wieder bekommen wir die „Bierfrage" in unseren Seminaren gestellt, die wir leider mit „Nein" beantworten müssen. Zu einem gehobenen Menü oder einer festlich gedeckten Tafel passt kein Bier. Hier beschränkt man sich auf Wasser und Wein. Auch andere nicht alkoholische Getränke wie Säfte oder Cola mindern den geschmacklichen Genuss eines guten Essens.

Es gibt jedoch keinen Zwang, Alkohol zu trinken. Zum Mittagessen sollte man auf Alkohol ganz verzichten.

> Regel Nr. 80
> Zu einem genussvollen Menü gehört ein guter Wein und Wasser. Bier dürfen Sie anstatt des Aperitifs gerne vorweg trinken.

Reden schwingen

Sind Tischreden vorgesehen, so sollte der Gastgeber als erstes nach der Vorspeise seine Rede halten. Wollen andere Personen Tischreden halten, sollte dies vorher mit dem Gastgeber oder Veranstalter abgestimmt werden. Tischreden und Toasts werden immer zwischen den Gängen gehalten.

Werden Sie spontan aufgefordert eine Rede zu halten, zieren Sie sich nicht. Aber lassen Sie sich Zeit für ein paar Gedanken zur Vorbereitung. Antworten Sie also auf die Bitte um eine Rede mit „Ja, gerne sage ich noch ein paar Worte an den Veranstalter. Gleich nach dem nächsten Gang." Nun haben Sie die Chance, sich einige Worte zurecht zu legen. Drücken Sie sich einfach aus. Keiner möchte langweilige Anekdoten in Form von Schachtelsätzen hören. Der Komiker Heinz Erhardt hatte Recht, als er meinte: "Wird man unerwartet gebeten, eine Rede zu halten, so erschrecke man nicht, sondern fasse sich. Aber kurz!"

Regel Nr. 81
Tischreden werde zwischen den Gängen gehalten. Der Gastgeber beginnt als erster nach der Vorspeise.

Schmeckt nicht – gibt's nicht

Als Gastgeber muss man heute berücksichtigen, dass die Anzahl der Menschen mit einer Nahrungsmittel-Allergie ständig zunimmt. Bei einem vorbestellten Menü sollten Sie deshalb im Vorfeld mit der Küche ein alternatives Gericht besprechen. Ihre Gäste informieren Sie idealer Weise über die

Tauschmöglichkeit auf der Menükarte. Wenn Sie organisatorisch die Möglichkeit dazu haben, fragen Sie bei der Einladung bereits nach Restriktionen Ihrer Gäste.

Kommen Sie als Gast bitte nicht auf die Idee, den Kellner zu instruieren, dass er Ihnen die Suppe nicht bringen muss, da Sie sie nicht essen möchten. Ein Gastgeber, der eventuell weiter von Ihnen entfernt sitzt, wartet mit dem Start des Essens, bis allen serviert wird. Von den Absprachen mit dem Kellner wissen nämlich nur Sie.

Treffen Sie als Gast auf eine Speise, die Sie nicht mögen oder vertragen, müssen Sie diese natürlich nicht essen. Hat Ihr Gastgeber keine Alternative angeboten, essen Sie um die ungeliebte Speise herum. Bitte kommentieren Sie Ihr Verhalten nicht. Auch der Gastgeber sollte die Ablehnung kommentarlos akzeptieren.

Am Buffet

Beispiel

Auf einer ländlichen Hochzeit waren 100 hungrige Gäste, die sich auf das Buffet stürzten. Das Gelage war beim letzten Gang angekommen, als sich eine Frau mit ihrem Käseteller zurück an den Tisch setzte. Ihre Tischnachbarin sah den überfüllten Käseteller und brachte vor Erstaunen nur noch den Satz heraus: „So viel Käse schaffen mein Mann und ich nicht mal in einer Woche."

Buffets verlocken so manche Menschen dazu, die Teller mit kunstvoll arrangierten Speisen zu überfüllen. Sie dürfen zum Buffet gehen, so oft Sie möchten. Es zählt schon keiner mit. Packen Sie aber die Teller nicht zu voll und bleiben Sie in der

Menüfolge. Überholen am Buffet ist tabu. Auch wenn die Schlange beim Dessert anfangs kürzer ist, starten Sie Ihr Essen mit der Vorspeise. Mischen Sie nicht Salziges mit Süßem, Fisch mit Fleisch oder Warmes mit Kaltem. Sollten Sie erneut zum Buffet gehen, lassen Sie den Teller am Platz stehen. Sie finden am Buffet neue Teller und Besteck. Wenn Sie wiederkommen, sollte der leere Teller abgeräumt sein. Wenn dem nicht so sein sollte, schieben Sie den alten Teller zur Seite und versuchen Sie, einen Kellner ausfindig zu machen.

> Regel Nr. 82
> Sie können so oft zum Buffet gehen, wie Sie wollen – aber nicht zu viel auf einmal auf den Teller laden. Mischen Sie nicht Salziges mit Süßem, Kaltes mit Warmen oder Fisch und Fleisch auf einem Teller.

Dank dem Gastgeber

Nach jeder Einladung zum Essen sollte man sich am nächsten Tag beim Gastgeber kurz bedanken. Dies kann eine kurze E-Mail sein, in der nach einem geschäftlichen Essen auch nochmals kurz die besprochenen Inhalte festgehalten werden. So zeigen Sie Ihre Wertschätzung und vertiefen die Beziehung zum Geschäftspartner. Eine E-Mail ist dann üblich, wenn Sie auch sonst mit dem Geschäftspartner elektronisch kommunizieren. Ein schneller Dank per Telefon geht natürlich auch.

> Regel Nr. 83
> Ein Dank ist der Schlüssel zu einer guten Beziehung. Nach einer Einladung sollte man sich deshalb immer bedanken.

Esskultur und Tischsitten

Gute Umgangsformen bei Tisch spielen bei so manchem Geschäftsabschluss eine Schlüsselrolle.

In diesem Kapitel lesen Sie

- alles über den richtigen Umgang mit Messer und Gabel (S. 196),
- wie Sie mit schwierigen Speisen elegant fertig werden (S. 206) und
- wie Sie am Tisch mit Gräten, Zahnstochern und anderen Kleinigkeiten gekonnt umgehen (S. 214).

Gedeck, Besteck & Co.

Die Serviette

Beispiel

Beobachten wir einmal zwei Herren, die sich geschäftlich zum Essen in einem gehobenen Restaurant treffen: Die Serviette steht adrett gefaltet in der Mitte des Gedecks, als sich die Herren an den Tisch setzen. Doch schon nach einigen Minuten stört das gefaltete Kunstwerk bei der gestenreichen Kommunikation. In das Gespräch vertieft, nimmt einer der Herren die Serviette, öffnet sie mit einem kräftigen Schütteln und steckt eine Ecke der Serviette in den Hosenbund. Der zweite Herr legt die Serviette flach gestrichen in die Mitte des Gedecks vor sich.

Stellt sich die Frage, ob die Herren richtig gehandelt haben und wann wir die Serviette wegnehmen dürfen: Stört Sie die Serviette bereits beim Lesen der Speisekarte, dürfen Sie sie tatsächlich bereits jetzt auf den Schoß legen. Spätestens jedoch mit dem Servieren des ersten Gangs wird die Serviette zur Hälfte gefaltet und mit der geschlossenen Seite in Richtung Knie auf den Oberschenkeln abgelegt. Bitte aber nicht im Gürtel festklemmen, am Krawattenclip befestigen oder als Lätzchen umbinden – letzteres ist nur beim Hummer-Essen erlaubt.

Die Serviette dient dazu, den Mund abzutupfen – nicht abzuwischen –, um an den Gläsern keine Essensreste zu hinterlassen. Benutzen Sie dazu immer die Innenseite der Serviette, denn so verbergen Sie Flecken in der Serviette.

Wie Sie Ihre Serviette stilvoll ablegen

Wenn Sie den Tisch kurzzeitig verlassen, legen Sie die Serviette locker gefaltet links neben Ihren Teller. Wundern Sie sich jedoch bei Ihrem nächsten Geschäftsbesuch in USA nicht, wenn die Serviette dort auf dem Stuhl abgelegt wird. Dort ist es so Sitte, auch wenn das in Mitteleuropa als unhygienisch gilt.

Nach dem Menü-Ende, das mit dem Servieren des Kaffees eingeläutet wird, legen Sie die Serviette ebenfalls links neben sich auf den Tisch. Der Stoff sollte so gefaltet sein, dass die Serviette mit der Öffnung zu Ihnen zeigt bzw. der Knick zu Ihrem Tischnachbarn links von Ihnen.

Sollte Ihnen die Serviette herunterfallen, lassen Sie sie liegen. In einem guten Restaurant wird der Kellner dies beobachten und Ihnen gleich eine neue Serviette bringen. Sollte dieser Fauxpas nicht aufgefallen sein, bitten Sie den Kellner einfach, Ihnen eine neue Serviette zu bringen.

Beispiel

Während der Mittagspause konnte in einem Unternehmen beobachtet werden, wie sich der Abteilungsleiter aus Vorsicht, die schöne Krawatte über die Schulter legte, damit es keine Flecken gab. Seine sechs Angestellten, die mit ihm am Tisch saßen, sahen dies und taten es ihm gleich.

Auch wenn jemand noch so souverän auftritt, können Gesten und Handlungen verkehrt sein. So auch in diesem Fall. Wir wissen nicht, ob die Nachahmung der Karriere dienlich war, aber eines ist sicher: Eine Krawatte wird beim Essen weder über die Schulter gelegt, noch ins Hemd gestopft oder mit der Serviette abgedeckt, indem man Sie am Hemdkragen befestigt. Es bleibt Ihnen nichts anderes übrig, als aufzupassen, dass Sie nicht auf die Krawatte kleckern.

Regel Nr. 84
Die Regeln für Stoffservietten gelten auch für Papierservietten! Vor jedem Griff zum Glas wird der Mund mit der Serviette abgetupft. Servietten liegen auf dem Schoß und werden nirgendwo festgemacht.

Das Gedeck

Es erwartet Sie nicht in jedem Restaurant ein großes Gedeck, aber Sie sollten auf diese Situation vorbereitet sein. Die Handhabung ist ganz einfach: immer von außen nach innen vorarbeiten, für jeden Gang also ein neues Besteck.

Das maximale Gedeck besteht aus drei Gabeln links und drei Messern plus einem Löffel rechts neben dem Teller. Oberhalb des Tellers finden Sie das Dessertbesteck, bestehend aus Dessertlöffel (der nach links zeigt) und einer Dessertgabel (die nach rechts zeigt). Die alte Regel, dort den Suppenlöffel zu platzieren, ist überholt. Der Brotteller steht immer links von Ihrem Gedeck.

Keine Angst, sollten Sie die falsche Gabel erwischen, wird Ihnen diese vom Personal nachgelegt. Ein Messer, das nicht benutzt wurde, wird abgeräumt. Alles, was zusätzlich benötigt wird, da man vielleicht acht Gänge hat, wird vom Kellner rechtzeitig eingedeckt. Es gibt verschiedene Stellungen der Gläser. Das Wasserglas steht am weitesten rechts, da es am häufigsten benutzt wird.

Platzteller

Manchmal findet man einen Platzteller aus Silber oder Glas vor. Vom Platzteller wird nicht gegessen. Auf ihn werden die Teller der jeweiligen Gänge abgestellt.

An der Anordnung des Gedecks sollten Sie nichts verändern. Als Linkshänder können Sie zwar das Besteck tauschen, doch bitte erst wenn Sie es aufnehmen. Auch der Brotteller bleibt unberührt und wird nicht, nur weil noch kein Hauptgang da ist, in die Mitte des Gedecks gestellt.

Regel Nr. 85
Am Gedeck sollte nichts verändert werden. Linkshänder dürfen jedoch Messer und Gabel beim Aufnehmen tauschen.

Umgang mit Gläsern

Beispiel

Es war eine wunderbare Einladung zum abendlichen Essen bei Freunden. Der Tisch war feierlich gedeckt und die Gäste in guter Stimmung. Die Gastgeber hatten extra eine Servicekraft engagiert, damit sie sich voll und ganz ihren Gästen widmen konnten. Zum Hauptgang wurde ein ausgereifter Bordeaux Grand Cru mit einem Inhalt von über 800 ml aus dem edlen Weinkeller des Gastgebers gereicht. Die Servicekraft war scheinbar nicht bis zur Vollendung geschult, denn als es daran ging, den Rotwein einzuschenken, bekamen wir alle großen Augen. Sie setzte die Flasche am ersten Glas an und ließ das Getränk einlaufen. Und sie hörte nicht auf. Der Gastgeber dachte sich zuerst nichts, doch als das Glas über halbvoll war, schritt er ein und sagte, es sei jetzt genug Wein im Glas. Wer weiß, ob sie nicht am Ende eine Flasche Wein pro Glas verteilt hätte?

Weingläser werden nie voll geschenkt. Ein Glas sollte zu ca. einem Drittel gefüllt sein, damit der Wein noch genug Luft zum Atmen bekommen und sein Bouquet voll entfalten kann. Gläser klingen außerdem besser, wenn sie nicht ganz voll sind.

Gläser mit Stiel werden auch am Stiel gehalten, am besten mit drei Fingern (Daumen, Zeige- und Mittelfinger) am oberen Drittel des Stiels. Der kleine Finger wird nicht abgespreizt! Der Grund dafür ist, dass ein Glas im Laufe eines Essens unansehnlich bis unappetitlich wird, wenn zahlreiche Fingerabdrücke es zieren. Außerdem erwärmt sich der gekühlte Weißwein schneller durch die Handwärme. Pilsglas und Cognacschwenker dürfen am Kelch gefasst werden.

Regel Nr. 86
Typische Stielgläser – Weißwein-, Rotwein-, Sekt- und Wassergläser – werden immer am Stiel gehalten.

Anstoßen oder nicht?

Anstoßen sollten Sie nur im kleinen und privaten Kreis bis maximal sechs Personen. In größeren Runden müssten Sie sich über den Tisch beugen, was kein schönes Bild abgibt. Bei einem Geschäftsessen prostet man sich lediglich zu. Übrigens darf heute auch mit Mineralwasser angestoßen werden.

Der Gastgeber hebt sein Glas, nimmt Blickkontakt zu seinen Gästen auf und sagt „Zum Wohl" – bitte nicht „Prost", dies eignet sich eher für die private Bierrunde. Die Gäste sprechen ihm nach, trinken, nicken sich alle zu, trinken und stellen dann ihr Glas ab.

Regel Nr. 87
Angestoßen wird nur mit Wein, Sekt und zum Oktoberfest mit Bier. Autofahrer dürfen auch mit Wasser anstoßen.

Das Besteck und seine Sprache

Messer, Gabel und Löffel waren ursprünglich Küchenwerkzeuge, mit denen man Speisen zubereitete und servierte. Im Laufe der Zeit wurde ein Messer dann auch bei Tisch benutzt, um die Speisen zu zerteilen, die man anschließend aber weiterhin mit den Fingern aß. Das Hantieren mit Messer, Gabel und Löffel wurde vom Bürgertum erst im 19. Jahrhundert nach der weitgehenden Entmachtung des Adels übernommen und verbreitete sich mithilfe der durch die Industrialisierung ermöglichten Massenproduktion in allen Gesellschaftsschichten.

Weit mehr Menschen verwenden jedoch Essstäbchen. In vielen Kulturen wird noch immer mit bloßen Fingern gegessen, meist nach strikten Regeln. Im islamischen Kulturbereich und bei Anhängern des Hinduismus darf etwa nur die rechte Hand zum Einsatz kommen, da mit der linken die Körperreinigung vorgenommen wird. Schätzungen beziffern die Benutzer von Messer und Gabel weltweit auf ca. 900 Millionen, von Stäbchen auf ca. 1,2 Milliarden, der Finger auf ca. 4,2 Milliarden Menschen.

Die Besteckspräche

Die Besteckspräche dient der nonverbalen Kommunikation zwischen Ihnen und dem Servicepersonal. Stellen Sie sich zur Erklärung den Teller als eine Uhr vor:

Ich mache eine Pause – „20-nach-7-Position"

Wenn Sie das Besteck während des Essens ablegen möchten, dann bitte immer auf dem Teller. Das so genannte „Brückenbauen", also das Ablegen von Messer und Gabel auf dem Tellerrand, birgt die Gefahr, dass es leicht abrutschen kann oder Speisereste und Saucen auf das Tischtuch tropfen. Das Besteck liegt in der 20-nach-7-Stellung auf dem Teller, d. h. es sollte dabei nicht in die Speisen stechen, sondern es ist an den Spitzen zu kreuzen bzw. die Messerspitze ist in die Gabelmulde zu legen.

Ich bin fertig – „20-nach-4-Position"

Liegen Messer und Gabel parallel nebeneinander auf der 20-nach-4-Position, so bedeutet dies, dass das Essen beendet ist. Dabei wird das Messer oberhalb der Gabel abgelegt und mit der Schneide zur Gabel gerichtet.

Es kursieren Informationen, dass man mit der Besteckposition auf dem Teller auch zur Qualität des Essens eine Aussage treffen könne. Also zum Beispiel: Die Anordnung „fünf vor halb sechs" bedeute, dass das Essen nicht den Erwartungen entsprach. Dies wird in keiner Hotelfachschule gelehrt und gehört in den Bereich der Gerüchte.

Regel Nr. 88
Einmal aufgenommen, darf Ihr Besteck nicht mehr die Tischdecke berühren.

Das Fischbesteck

Das Fischbesteck besteht aus einer Fischgabel und einem Fischmesser. Sie unterscheiden sich in der Form vom anderen Besteck. Das Fischmesser besitzt keine scharfe Klinge, da Fisch in der Regel nicht geschnitten wird. Eine Ausnahme sind geräucherter Fisch, Rollmöpse oder Matjeshering. Statt eines Fischmessers könnten Sie den Fisch auch mit zwei Gabeln essen, da das Fischmesser meist nur zum Schieben oder Zerteilen gebraucht wird. Bestellen Sie einen ganzen Fisch sollte Ihnen ein Abfallteller mitgebracht werden, um Gräten und Haut, Kopf und Flossen ablegen zu können.

Der richtige Umgang mit dem Besteck

Schauen Sie sich doch mal beim nächsten Restaurantbesuch in Ruhe um. Sie werden die unterschiedlichsten, mehr oder weniger eleganten Möglichkeiten der Besteckhaltung sehen. Oft beobachtet man, dass Messer und Gabel zu weit vorne angefasst werden. Die Zeigefinger liegen also weit auf der Messerklinge und kurz vor der Gabelwölbung. Diese Haltung hinterlässt den Eindruck, dass man mit großem Kraftaufwand dem Essen zu Leibe rücken muss. Fassen Sie Messer und Gabel deshalb besser weiter oben an. Andere halten ihr Besteck, als hätte man ihnen zwei Bleistifte in die Hand gegeben. Die Folge ist, dass die Gabel dann mit den Zinken nach oben in das Fleisch gesteckt wird. Diese Esstechnik sieht wirklich sehr unelegant aus, denn man nutzt die Gabel mit der Wölbung nach oben. So wie man das Fleisch abgeschnitten hat, wird es auch zum Mund geführt – also mit der Gabelwölbung nach oben.

Die eleganteste Art zu Essen, können Sie bei den Angelsachsen beobachten. Hier werden die Beilagen über den Gabelrücken zum Mund geführt.

Fällt Ihnen diese Technik zu schwer, dürfen Sie in Deutschland die Gabel zum Transport von Beilagen auch mit der Wölbung nach unten benutzen.

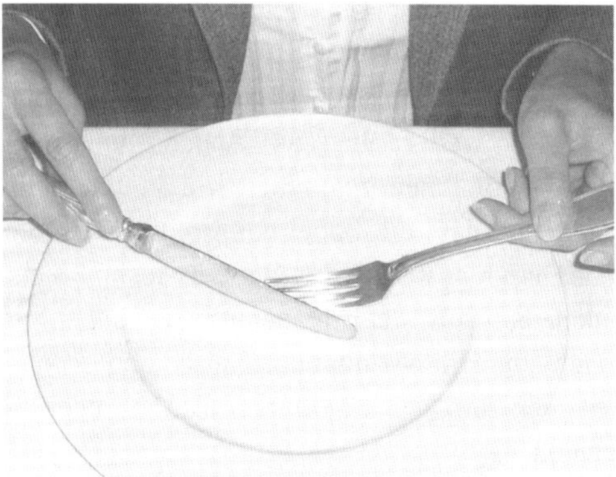

Auch schön zu beobachten ist der intensive Einsatz des Bestecks zur Unterstützung der Kommunikation. Bei Tisch sollte man in gemäßigtem Ton und ohne große Gesten das Gespräch führen können. Leicht könnte sich Ihr Gesprächspartner durch das aufgestellte Messer bedroht fühlen.

Wenn man schon leise spricht, sollte auch das Besteck nicht auf dem Teller kratzen. Man muss nicht den letzten Rest aus dem Suppenteller holen oder mit dem Messer das gute Sößchen von links nach rechts schieben. Und um möglichst alle Geräusche zu vermeiden, putzt man auch das Messer nicht an der Gabel ab. Beim Abstreifen des Messers am Fleisch würden zwar keine Geräusche entstehen, doch das sieht nicht sehr fein aus. Verzichten Sie darauf.

Wird Ihnen eine Speise in einem Glas oder einer Schale auf einem Unterteller serviert (z. B. Shrimpscocktail), legen Sie das Besteck immer auf dem Unterteller ab. So kann das Besteckteil beim Abservieren nicht aus der Schale fallen und Sie beschmutzen.

Der Gourmetlöffel

Der Gourmetlöffel ist ein "Zwitter" aus einem extra flachen Löffel und einem zu breit geratenen Fischmesser. Er hat nämlich an einer Seite eine ähnliche kleine Einbuchtung wie das Fischmesser, wird aber mehr als Löffelersatz gebraucht, um Saucen von einem flachen Teller aufzunehmen.

Wird Ihnen ein Gourmetlöffel gereicht, ist dies die Erlaubnis, die Sauce gesondert zu genießen. Sie können ihn auch dazu einsetzen, die Sauce über dem Fisch zu verteilen. Kommen

Sie bitte nie auf die Idee, eine Sauce mit Brot aufzunehmen, dies ist ein besonders großer Fauxpas. Der Gourmetlöffel wird in der rechten Hand gehalten, Linkshänder können ihn selbstverständlich in die linke Hand nehmen. Nach dem Essen wird er oberhalb von Gabel und Messer abgelegt.

In der gehobenen Gastronomie werden Sie einen Gourmetlöffel oft automatisch serviert bekommen, beispielsweise zu Fischgerichten. Er wird nicht eingedeckt, sondern rechts angelegt. Auch zu Desserts – vorrangig bei den gemischten Dessert-Kreationen auf großen, flachen Tellern – ist er dort üblich.

Die Speisen

Die von uns aufgeführten Regeln haben sich im Laufe der Zeit in Mitteleuropa etabliert. In anderen Kulturkreisen gelten hingegen völlig andere Regeln. Aber auch in Ländern des westlichen Kulturkreises gelten teilweise andere Regeln. So ist es in den USA durchaus schicklich, das Essen erst mit Messer und Gabel zu zerteilen, dann das Messer beiseite zu legen und das Essen dann allein mit der Gabel in der rechten Hand zu sich zu nehmen.

Bei einem Geschäftsessen wird in den seltensten Fällen eine Speise gewählt, bei der man Schwierigkeiten hat, sie zu essen. Wer sich für Spaghetti mit Tomatensoße entscheidet, wenn er ein weißes Hemd trägt, oder glaubt, einen Hummer essen zu müssen, wenn er eingeladen wird, sollte dies unfallfrei beherrschen. Trotzdem lauern die Fettnäpfchen oft schon bei den einfachsten Speisen. Hier eine kleine Auswahl.

Brot ist keine Vorspeise

Beispiel

Die Gäste setzen sich an den Tisch, sind in Gespräche vertieft und auf dem Tisch steht bereits ein Korb mit kleinen Brötchen. Die ersten Gäste greifen zum Brotkorb und stillen ihren Hunger. Nach ca. drei Minuten ist der Brotkorb leer gegessen und als der Ober kommt, um die Bestellung aufzunehmen, wird auch gleich Brot nachgeordert.

Brot ist keine Vorspeise, sondern die Beilage zur Vorspeise. Brot zu zerschneiden oder im Ganzen mit Butter zu bestreichen, gilt als schlechter Stil. Was beim Frühstück noch akzeptiert ist – ein Brötchen durchzuschneiden, die Hälften mit Butter zu bestreichen und abzubeißen -, ist beim Mittag- und Abendessen verpönt.

Ganz gleich, aus welchem Teig, in welcher Form, ob Sie Mini-Brötchen, Baguette- oder andere Brotscheiben, Toast, Laugengebäck, kleine Stangen oder noch andere Brotkreationen serviert bekommen: Zum Business-Lunch oder Dinner brechen Sie das Brot in mundgerechte Stücke und bestreichen dann dieses Stück mit Butter oder dem servierten Dip.

Das Zubereiten der Häppchen findet auf dem kleinen Brotteller statt – falls einer bereitsteht. Auf einer eng gedeckten Tafel stellt sich manchmal die Frage, welcher Ihrer ist. Grundsätzlich gehört der links stehende kleine Teller zu Ihrem Gedeck. Das ist übrigens beim Salatteller genauso. Butter oder andere Aufstriche nehmen Sie sich mit dem kleinen Messer, das üblicherweise auf dem Brotteller gedeckt ist. Wenn an der Butter ein extra Buttermesser oder eine kleine Gabel liegt, verwenden Sie erst dieses Besteckteil zum "Transport" der Butter. Anschließend nehmen Sie das bereitgelegte kleine Brotmesser.

> Regel Nr. 89
> Brot wird immer mundgerecht gebrochen und dann bestrichen. Der Brotteller steht links von Ihrem Gedeck.

Suppentassen und -teller

Die Suppentasse ist zweiteilig und besteht aus Obertasse und Untertasse, wobei die Untertasse als Ablage für das Essbesteck dient. Wird die Suppe in einer Suppentasse mit zwei Henkeln serviert, dürfen Sie den letzten heißen Rest trinken, sofern alle festen Bestandteile zuvor mit dem Löffel verzehrt wurden. Dazu führen Sie die Suppentasse an einem Henkel zum Mund.

Ein Suppenteller darf neuerdings angekippt werden, sehr stilvoll ist das jedoch nicht. Ist die Suppe noch zu heiß, bitte nicht pusten, warten Sie lieber einige Minuten. Und: Bitte nicht das Brot in die Suppe tunken.

Wenn Sie eine Pause machen, legen Sie den Löffel in den Suppenteller oder bei der Suppentasse auf den Unterteller, so kann weniger passieren, falls man versehentlich an den Löffel stößt. Sobald Sie fertig sind, legen Sie den Löffel auf den Unterteller, auf dem die Suppentasse serviert wurde.

In Deutschland ist es üblich, die Suppe zum Körper zu löffeln. In angelsächsischen Regionen dagegen wird die Suppe vom Körper weg gelöffelt und der Löffel quer zum Mund geführt.

Regel Nr. 90
Suppenteller dürfen nicht angekippt werden. Suppentassen dürfen zum Genuss des letzten heißen Restes ausgetrunken werden.

Salat – und wie man mit ihm umgeht

Bekommen Sie als Vorspeise einen Salat, schneiden Sie ihn bitte nicht, sondern falten Sie große Blätter mit Gabel und Messer mundgerecht. Das gefaltete „Salatpäckchen" können Sie mit der Gabel aufspießen. Nur Chicoree lässt sich nicht falten, ihn dürfen Sie zerschneiden. Ruccola wird wie normaler Salat behandelt und nicht geschnitten, sondern gefaltet.

Es kann vorkommen, dass sich das ein oder andere Stängelende nicht bändigen lässt. Aber auch bei Ruccola gilt die Regel: Falten, falten und nochmals falten.

Regel Nr. 91
Salat wird, sofern er nicht mundgerecht von der Küche serviert wird, nicht geschnitten, sondern gefaltet.

Schwierige Speisen – ganz einfach

Die Frage „Wie isst man was?" beschäftigt uns oft dann, wenn wir unser Menü nicht selbst ausgewählt haben. Grundsätzlich gilt: Wenn Sie den Hummer nicht selbst knacken oder den Fisch nicht filetieren möchten, bitten Sie den Kellner, dies für Sie zu erledigen. Dies ist kein Fauxpas. Einige ausgewählte Speisen haben wir nachfolgend zusammengestellt, um Ihnen den Umgang zu erleichtern.

Austern

Am besten nimmt man die Auster in einer mehrfach gefalteten Serviette mit der gewölbten Seite nach unten in die Hand und trennt dann die Schale an der rückwärtigen Nahtstelle mit einem Austernmesser. Da sich in der Schale außer dem Fleisch auch noch Meerwasser befindet, sollte die Auster stets waagerecht gehalten werden. Ungeübte können sich auch mit einer Austernzange helfen. Das Fleisch haftet fest im unteren, tieferen Teil der Schale. Mit der Austerngabel entfernt man nun Bart und Darm, beträufelt das Fleisch mit etwas Zitronensaft, würzt es mit etwas frisch gemahlenem Pfeffer und schlürft das Fleisch zusammen mit dem Meerwasser aus. Ob man sie allerdings mit Bart und Darm genießt oder ungekaut hinunterschluckt ist eine reine Frage des Geschmacks.

Geflügel

Gebratene oder gegrillte Hähnchen werden mit Messer und Gabel gegessen. Gebackene Hähnchen, die in der Regel trockener serviert werden, können mit den Fingern verspeist werden. Allerdings sieht es immer appetitlicher aus, wenn man mit Messer und Gabel isst. Truthahn und Gans werden der Länge nach in Scheiben geschnitten und ebenfalls mit dem Besteck verzehrt.

Hummer

Dieses delikate Krustentier wird meistens erst bei Tisch auf einem Brett der Länge nach halbiert und serviert. Von jeder Hälfte wird die Hummerschere durch einen kurzen Ruck abgelöst und der dickere Teil mit dem Messer angeschlagen. So lässt er sich beim Essen leicht brechen. Nachdem die Hummerscheren vom Körper gelöst und dann selbst noch einmal getrennt wurden, werden die vier zweigliedrigen Beine direkt am Körper abgedreht.

Die Hummergabel wird mit der rechten Hand, der Hummerkörper mit der linken Hand festgehalten. Mit dem löffelartigen Griff der Gabel wird nun der genießbare Teil des Tieres aus seiner Schale gehoben und mit dem Fischbesteck gegessen. Dann werden die größeren Teile der Hummerscheren auseinander gebrochen. Die Beine des Hummers werden mit den Fingern an den Gelenken auseinander gebrochen und dann ausgesogen. Tipp: Fingerschälchen mit Zitronenwasser bereitstellen lassen.

Kaviar

Stilecht sollte er stets mit einem Perlmuttlöffelchen gegessen werden. Der Kaviargeschmack kann sich unter einer Metallberührung verändern. Aus optischen Gründen ist er auf Eis in Glasschalen zu servieren. Wie man den Kaviar genießt, ist reine Geschmacksache. Man kann ihn mit Zitrone beträufeln, mit einem Löffel auf ein Stück Baguette legen oder pur essen.

Käse

Käse ist eine Zwischenmahlzeit, die häufig zwischen Hauptgericht und Dessert gereicht wird, dazu werden verschiedene Brotsorten serviert. Die verschiedenen Käsesorten werden mit dem beigelegten Käsemesser abgeschnitten. Man beginnt mit einer milden Sorte und lässt dann die herzhafteren und pikanteren Sorten folgen.

Krabben

Meistens werden sie fertig ausgepult serviert. Garnelen und Shrimps werden mit den Fingern gerade gebogen – Kopf links, Schwanz rechts – bis die harte Schale bricht. Zuerst wird der Kopf vom Rumpf abgedreht. Das Schwanzteil wird ruckartig vom Körper getrennt. Die einzelnen Glieder der Schale werden gelöst und das Fleisch wird mit den Fingern gegessen. Kenner saugen auch die Köpfe der Krabben aus.

Bekommen Sie Garnelen mit Panzer geliefert und finden Sie keine Fingerschale, können Sie den Tierchen auch mit Messer und Gabel zu Leibe rücken. Hierfür wird als erstes der Kopf mit einem Messerschnitt vom Körper getrennt. Halten Sie mit der Gabel den Körper fest und gleiten Sie nun mit dem Messer an der Bauchseite unter den Panzer. Am besten geht dies an der Stelle, wo eben noch der Kopf gewesen ist. Nun können Sie langsam den Panzer vom Fleisch lösen. Entweder schneiden Sie den letzten Teil vom Schwanz einfach ab und lassen die Schwanzflosse und seinen Inhalt liegen, oder Sie klemmen die Flosse am Ende zwischen Messer und Teller ein und versuchen durch leichtes Ziehen mit der Gabel am frei gelösten Körper den letzten Rest aus der Flosse zu lösen.

Krebse

Lösen Sie den Krebs mit der linken Hand aus der Schale. Mit der rechten Hand brechen Sie den Schwanz aus und schneiden die Krebse seitlich auf. Schneiden Sie die Spitze der Scheren ab und holen Sie das Fleisch mit einer zweizinkigen Gabel heraus. Den Rückenpanzer biegen Sie mit der Hand auseinander. Das Fleisch essen Sie mit dem Krebsbesteck.

Muscheln

Muscheln werden in einer Terrine serviert. Man nimmt eine der zweihälftigen Schalen und pult bei der ersten Muschel das Fleisch mit der Gabel heraus. Die leeren Schalenhälften, die noch miteinander verbunden sind, dienen nun als Besteck. Mit dieser "Muschel-Zange" zieht man das Fleisch aus den übrigen Schalen heraus und führt es zum Mund.

Pastete

Sie wird niemals mit dem Messer geschnitten, sondern nur mit der Gabel oder eventuell mit einem Löffel gegessen.

Spaghetti

Höchstens drei bis vier Nudeln am Tellerrand platzieren und mit den Gabelzinken aufwickeln. Weniger versierte Spaghettifans sollten aber den Gebrauch eines Löffels nicht verachten. Auf gar keinen Fall dürfen Spaghetti "aufgesaugt" oder mit dem Messer zerschnitten werden. Bis zu 2,5 cm können von der Gabel runterhängen.

Spargel

Spargel wird von Fachleuten mit der Spitze nach links auf dem Teller serviert. Er wird heute zwar nicht mehr mit der Hand gegessen, sondern mit dem Messer zerteilt, aber immer von der Spitze her gegessen.

Zitrone

Finden Sie eine Zitrone auf Ihrem Schnitzel oder Fisch, benutzen Sie zum Saft pressen die Gabel. Zerquetschen Sie die Zitrone nicht zwischen den Fingern. Sie treffen dabei sicher das Auge Ihres Tischnachbarn.

Schneiden oder nicht schneiden?

Das Verbot, bestimmte Speisen zu schneiden, stammt aus der Zeit, in der beim Kontakt mit Säure, Ei und Stärke die Besteckteile so stark oxidierten, dass sie mühsam mit

Schlämmkreide geputzt werden mussten. Konservative Esser verzichten daher auf den Einsatz des Messers bei Salat, Kartoffeln, Nudeln, Knödeln und Eierspeisen und bedienen sich dieser erhöhten Fingerfertigkeit sogar beim Verzehr von Fisch und Gemüse.

Es ist heute kein Fauxpas mehr, die Kartoffel zu schneiden. Dennoch ist es ratsamer, sie mit der Gabel zu zertrennen. Hierbei „zerklüftet" die Kartoffel besser und kann somit mehr Soße aufnehmen. Bitte mußen Sie aber die Kartoffeln nicht mit der Gabel und vermengen sie anschließend mit der Soße. Gleiches gilt für den Kartoffelknödel. Er wird mit der Gabel zerteilt und nicht mit dem Messer geschnitten. Auch Pasta wird nicht mit dem Messer geschnitten oder gar in den Mund gesaugt.

Regel Nr. 92
Kartoffeln dürfen Sie schneiden, Nudeln nicht.

Frühstücks-Knigge

Bei einem Business-Frühstück klopfen Sie Ihr Frühstücksei – ob hart oder weich gekocht – mit dem Eierlöffel an der Spitze auf. Das Köpfen ist inzwischen erlaubt, schöner ist das Aufklopfen. Essen Sie das Ei möglichst nicht mit einem Silberlöffel. Erstens würde er sofort anlaufen und zweitens schmeckt es nicht besonders gut. Nach wie vor ist die stilvollste Variante des Eierlöffels aus Perlmutt, auch wenn moderne Besteckmaterialien heute geschmacksneutral sind.

Das Frühstücksbrötchen können Sie getrost mit dem Messer aufschneiden, um es zu bestreichen. Klappen Sie aber niemals beide Hälften wieder zusammen, sondern essen Sie sie getrennt. Frühstücksbrötchen mit Messer und Gabel zu essen, ist übertrieben. Bevor Sie Ihr Frühstücksbrot oder Ihren Toast essen, schneiden Sie es einmal in der Mitte durch, damit Ihnen beim Halten der Belag nicht über die Finger rinnt. So zeigen Sie den perfekten Frühstücks-Stil.

Von der Hand in den Mund: Fingerfood

Der Begriff Fingerfood ist eine Bezeichnung für Speisen, die statt mit Besteck mit den bloßen Fingern gegessen werden. Dazu zählen Hähnchenschenkel, Canapés und andere kleine Speisen, die meist auf einem Tablett gereicht werden. Galten Käsewürfel mit einer Weintraube oder Schinken gefüllt mit Spargel vor nicht all zu langer Zeit als spießig, ist Fingerfood derzeit wieder angesagt. Das Angebot reicht von Wraps, Sandwichs, Döner Kebaps, Tapas bis zu Chicken Wings.

Ob Sie am Tisch die Finger zum Essen einsetzen dürfen, erkennen Sie daran, dass Reinigungsmöglichkeiten bereitgestellt wurden. Dies können Feuchttücher sein oder eine so genannte Fingerschale mit Wasser, die sich links neben dem Teller befindet und z. B. durch eine Zitronenscheibe oder ein Rosenblatt parfümiert werden kann. Diese Regel gilt auch für den Salat mit gegrillten Scampi in der Schale. Wird keine Fingerschale dazu gereicht, müssen Sie die Scampi mit Messer und Gabel bearbeiten. Achtung, großes Fettnäpfchen!

Bekommen Sie zu einem Fingergericht eine Fingerschale – auch Fingerbowl genannt – serviert, beachten Sie: Benutzen Sie die dort liegende Serviette, um sich die Finger nach dem Säubern im Zitronenwasser abzutrocknen. Die Serviette auf Ihrem Schoß eignet sich nicht dafür und ist auch nicht dafür vorgesehen.

Regel Nr. 93
Nur wenn eine Fingerschale oder ein Zitronentuch gereicht wird, dürfen Sie die Finger zum Essen benutzen.

Richtiges Verhalten bei Tisch

Verlassen des Tisches

Bevor der Gast den Tisch verlässt, entschuldigt er sich. Begriffe wie Toilette o. ä. werden nicht genannt, sondern höchstens umschrieben. Verabschieden Sie sich einfach bei Ihrem Tischnachbarn kurz mit den Worten „Ich entschuldige mich einen Moment".

Beispiel

An einem Tisch mit acht Gästen ist der zweite Gang beendet und die Teller wurden bereits abgeräumt. Auf einmal stehen wie nach einem geheimen Signal fünf Personen am Tisch auf und verschwinden nach draußen in die Nacht. Am Tisch bleiben drei Nichtraucher zurück, die sich etwas verwundert anschauen.

Diese Szene kann man leider öfter beobachten. Zwei Raucher entschuldigen sich bei ihren Tischnachbarn und stehen in der Essenspause auf. Von diesem Tun inspiriert, entschließen sich die anderen Raucher, ihnen zu folgen. Dies ist eine sehr unhöfliche Geste. Lassen Sie niemals wenige Personen am Tisch allein sitzen. Dass eine Person es nicht mehr aushält, mag passieren, ist aber nicht sehr höflich. Dass fast der ganze Tisch in der Essenspause zum Rauchen geht, ist beleidigend. Lesen Sie hierzu mehr im späteren Abschnitt „Rauchen oder nicht?".

> Regel Nr. 94
> Den Tisch sollte man nur zwischen den Gängen verlassen, indem man sich beim Tischnachbarn entschuldigt.

Gräten und andere Ungenießbarkeiten

Einen Knochen, ein Stück vom Lorbeerblatt oder andere ungenießbare Dinge kommen so aus dem Mund, wie sie hineingekommen sind: über die Gabel. Das Ungenießbare befördern Sie bitte mit der Zunge auf die Gabel und legen es dann auf dem Tellerrand ab.

Eine Gräte gekonnt über die Gabel zu entsorgen, ist nicht jedermanns Sache. Versuchen Sie die Gräte bis zu den Lippen vorzuschieben und vom Fischfleisch zu separieren. Dann streifen Sie sie leicht mit Daumen und Zeigefinger von den Lippen und platziert Sie am Rande des Tellers. In vielen Ländern wird zum Fisch Brot gereicht, damit die Kruste des Brotes im Schlund steckende Gräten löst und weiter in den Magen transportiert.

Regel Nr. 95
Ungenießbares verlässt den Mund über die Gabel und wird auf dem Tellerrand abgelegt.

Zahnstocher und Körperpflege

Beispiel

Bei einem Geschäftsessen bemerkte eine Mitarbeiterin kurz nach der Bestellung, dass einer ihrer Fingernägel einen kleinen Haken aufwies. Sie kam auf die glorreiche Idee, ihn direkt am Tisch zu bekämpfen, holte eine kleine Nagelfeile aus der Handtasche und feilte sich den Störenfried unterm Tisch weg. Da sie schon dabei war, wurden die übrigen neun Nägel gleich mit manikürt. Nach getaner Arbeit, sah ihr Tischnachbar mit Entsetzen, wie sie auch noch eine Tinktur auspackte und die gestressten Hände damit eincremte. Das Essen konnte jetzt kommen.

Hier wäre ein Gang auf die Toilette angebrachter gewesen. Dies gilt ebenso für den Einsatz von Zahnstochern. Da sowieso jeder weiß, was Sie hinter der vorgehaltenen Hand tun: Lassen Sie es besser. Wenn Sie einen Zahnstocher benutzen oder die Damen ihre Lippen nachziehen möchten, dann bitte auf der Toilette. In guten Restaurants finden Sie mittlerweile die Zahnstocher einzeln verpackt schon dort platziert.

Regel Nr. 96
Versuchen Sie nicht, Essensreste mit der Zunge aus den Zähnen zu holen. Erledigen Sie alle kosmetischen Korrekturen auf der Toilette. Dazu gehört auch das laute Naseschnäuzen.

Jegliche Körperpflege, wie Kämmen, Schminken, Fingernägel säubern am Tisch ist verpönt. Das Schnäuzen am Tisch ist auch außerhalb von Europa unerwünscht. Niesen wird daher oft unterdrückt oder zumindest gedämpft. Beim Husten oder beim Niesen wird die Hand oder die Serviette vor das Gesicht gehalten. Eine Entschuldigung für die Störung ist angebracht.

Rechnung und Trinkgeld

Verlangen Sie als Gastgeber oder Gastgeberin die Rechnung, verwirren Sie den Ober nicht mit den Worten: „Können wir zahlen?". Machen Sie hier nochmals deutlich, dass Sie die Rechnung bezahlen werden und zwar mit den Worten „Bitte bringen Sie *mir* die Rechnung". Die Rechnung können Sie in Zeiten der Kreditkarte am Tisch begleichen. Diskreter ist es dennoch, sich zum Bezahlen der Rechnung vom Tisch zu entfernen, um eventuell Posten zu prüfen und Trinkgeld zu geben. Bei Barzahlung kann Ihr Gast nicht mitzählen, was Sie zu zahlen haben. Sind Sie im Restaurant bereits bekannt, lassen Sie sich die Rechnung in die Firma schicken.

Über die Höhe des Trinkgeldes entscheidet die Zufriedenheit, zwischen fünf und zehn Prozent des Rechnungsbetrages sind in deutschen Restaurants üblich. Wie hoch das Trinkgeld ausfällt, hängt selbstverständlich von der Güte des Services und Essens ab. Besitzer eines Restaurants bekommen kein Trinkgeld. Hier sollte ein Trinkgeld mit dem Kommentar „Für das Personal" verbunden sein. Ein persönliches "Dankeschön" zum Abschied erhöht den Wert der Anerkennung.

Fragen Sie sich beim Zahlen von Trinkgeld: Wie gut war der Service? Wie viele Personen haben uns bedient? Wie viele Personen wurden bedient? Was hätte der Service an Trinkgeld bekommen, wenn er jeden einzeln bedient hätte? All dies sind Anhaltspunkte, die Sie neben einem guten Service in das Trinkgeld mit einfließen lassen sollten. Lassen Sie hier am besten Ihr Gefühl entscheiden.

Übrigens: „tip" ist der englische Ausdruck für Trinkgeld und steht für „to improve promptness", also „zur Sicherstellung der Bereitwilligkeit".

> Regel Nr. 97
> Bezahlen Sie die Rechnung abseits des Tisches, damit Sie diese in Ruhe prüfen können.

Pleiten, Pech und Pannen

Während des Essens können unvorhergesehene Dinge passieren. Abgesehen von der runterrutschenden Serviette, gibt es noch das berühmte Haar in der Suppe.

Wenn Sie etwas zu beanstanden haben

Sollten Sie jemals ein Haar, Tiere oder andere Dinge in Ihrem Essen finden die dort nichts zu suchen haben, rufen Sie den Kellner heran und weisen ihn in ruhiger Stimme und diskret auf den Störenfried hin. Der Kellner wird Ihnen sofort eine neue Speise bringen.

Mit Reklamationen im Restaurant sollten Sie es handhaben wie im Reiserecht: am besten sofort reklamieren. Ist das Essen lauwarm, die Suppe zu salzig oder der Wein korkig, reklamieren Sie sachlich ruhig und diskret beim Service. Es muss nicht das ganze Restaurant über das Missgeschick der Küche informiert sein.

Umgang mit Malheurs

Rotwein auf der Tischdecke wird keinesfalls hektisch mit Salz bestreut. Machen Sie kein Aufheben, die Kellnerin deckt den Fleck mit einer Deckserviette ab. Ist ein Tischnachbar in Mitleidenschaft gezogen, bitten Sie formvollendet und ohne Aufhebens um Verzeihung, bieten Sie Hilfe an und wenn nötig Wiedergutmachung. Bei einem großen Schaden ist ein Strauß Blumen am Tag danach ein schönes Trostpflaster.

Fällt Ihnen ein Stück Brot auf den Fußboden, lassen Sie es liegen. Kleckern Sie auf Ihr Kostüm, überlassen Sie die Fleckbeseitigung der Reinigung. Lässt Ihnen der Fleck aber gar keine Ruhe, entschuldigen Sie sich nach dem Essensgang und behandeln Sie den Fleck auf der Toilette. Sämtlichen Malheurs sollten Sie möglichst gelassen und ohne großes Aufheben begegnen.

> Regel Nr. 98
> Über eigene Malheurs oder Peinlichkeiten macht man kein Aufheben, sondern geht elegant darüber hinweg.

Ihr Handy schalten Sie bei einem Business-Essen ab, für den großen Notfall nutzen Sie den Vibrationsalarm, und ganz elegant hinterlassen Sie das Mobiltelefon beim Oberkellner. Dieser ruft Sie dann an den Apparat. Einige Restaurants bieten inzwischen einen speziellen Handy-Service an.

Rauchen oder nicht?

Raucher haben schlechte Karten. Zwischen den Gängen und während des Essens wird nicht geraucht. Die letzte Gelegenheit vor dem Essen zu rauchen ist beim Aperitif. Zücken Sie Ihre Zigarettenschachtel dann erst wieder nach dem Dessert. Als Zeichen hierfür werden oft erst dann die Aschenbecher eingesetzt. Rauchen alle, wird das natürlich anders gehandhabt. Fragen Sie aber immer nach, ob es stört, wenn Sie rauchen. Frauen geben Männern kein Feuer und rauchen auch nicht auf der Straße.

> Regel Nr. 99
> Zeigen Sie als Raucher Rücksicht und fragen Sie immer, ob Rauchen erlaubt ist.

Kaffee und Espresso

"Darf's noch ein Espresso sein?", werden Sie häufig nach dem Dessert gefragt. Der Kenner zeichnet sich jetzt dadurch aus, dass er kein milchhaltiges Getränk wie Latte Macchiato oder Milchkaffee bestellt. Milch ist nicht förderlich für die Verdauung, wohingegen ein Kaffee ohne Milch oder ein Espresso die Verdauung anregt. Der Kaffeelöffel wird nach der – geräuschlosen – Benutzung nicht abgeleckt, sondern nur auf dem Unterteller abgelegt. Die Kaffeetasse reicht man zum Nachschenken immer mit dem Unterteller.

> Regel Nr. 100
> Bestellen Sie nach dem Essen einen Espresso und denken Sie daran, dass der Löffel nicht abgeleckt wird.

Tabus bei Tisch

Als Kinder bekommen wir vieles beigebracht, was heute zu den gröbsten Etikette-Verstößen zählt. Bestes Beispiel ist das Zerquetschen der Kartoffel, am liebsten mit Sauce. Auch wenn es zuhause noch so schmeckt, im Restaurant müssen Sie darauf verzichten. Was im Restaurant noch tabu ist, haben wir nachfolgend zusammengefasst:

- Speisen müssen ihre Konsistenz behalten.
- Rülpsen, schlürfen und schmatzen dürfen nur Chinesen.
- Teller drehen ist tabu. Der Teller bleibt so stehen, wie ihn der Kellner eingesetzt hat.
- Die Flasche beim Einschenken aufs Glas aufzusetzen, ist unfein.
- Mit vollem Mund sprechen ist ebenso tabu. Wenn man angesprochen wird, nickt man dem Gesprächspartner kurz zu und antwortet, sobald man runtergeschluckt hat.
- Rauchen, während andere noch essen.
- Lautes Naseschnäuzen am Tisch, womöglich noch in die Serviette.
- Zahnstocher benutzen, Lippen nachziehen oder Haare kämmen.
- Ellenbogen auf dem Tisch aufstützen.
- Messer in den Mund nehmen oder mit dem Besteck gestikulieren.
- Mit dem Essen beginnen, bevor alle etwas zu essen auf dem Tisch stehen haben.

- Jacke ausziehen und an den Stuhl hängen.
- Handtasche oder Handy auf den Tisch ablegen.
- Benutztes Besteck auf dem Tischtuch ablegen.
- Essensreste oder Lippenstift am Glasrand hinterlassen.
- Speisen würzen, ohne Sie probiert zu haben (Ausnahme: frischer Pfeffer).
- Das Essen hinunterschlingen.
- Bei einem Buffet Speisen auf einem Teller mischen (z. B. Hauptgang und Dessert).
- Zur Kühlung von Speisen pusten – warten Sie einfach ein wenig.

Glossar

Adelstitel

Adelstitel gehören zum Namen und müssen mit genannt werden. Man sagt nicht "Herr Graf" oder "Herr Baron", sondern: "Guten Tag, Graf Frankenfeld". In diesen Fällen entfällt das „von". Der Titel darf erst weggelassen werden, wenn er von seinem Träger erlassen wird. Nicht weggelassen hingegen wird das einfache „von" bei Adligen ohne Adelsbezeichnung („Herr von Schönberg").

Accessoires

Weniger ist mehr. Besser ist es, sich auf wenige gute Stücke zu beschränken.

Agenda

Der rote Faden jedes Meetings ist die Agenda. Sie legt fest wer, wann, warum, wie lange und zu welchen Themen zu einem Meeting geladen wird. Die Agenda sollte mindestens eine Woche vor der Veranstaltung versendet werden, damit die Teilnehmer Änderungen oder Vorschläge einbringen können.

Akademische Grade

Akademische Grade sind ausschließlich die Titel 'Doktor' und 'Professor'. Es wird immer nur der höchste Titel genannt, z .B „Guten Tag, Herr Professor Lüdenscheidt", also nicht „Herr Professor Dr. Lüdenscheidt".

Amts- und Mandatsträger im Schriftverkehr

Wenn die Amtsbezeichnung einer Person bekannt ist, wird sie in der Brief-Anschrift eingesetzt. Die Funktion sollte aber immer aktuell sein.

„Herrn Dr. Holger Mann
Vorsitzender des Verbands der Metallindustrie"

Anhang einer E-Mail

Eine kurze Erklärung, was der Empfänger einer E-Mail im Anhang findet, sollte im E-Mail-Anschreiben enthalten sein. Das spart dem Empfänger Zeit und erleichtert ihm das Bearbeiten.

Anrufbeantworter

Der Ansagetext sollte persönlich aufgesprochen sein. Treffen Sie bei einem Anruf auf einen Anrufbeantworter, sollten Sie auch eine Nachricht hinterlassen. Hierzu gehören: Name, (Firma), Grund des Anrufs und Rufnummer unter der man erreicht werden kann.

Anschrift von Adligen

Adlige ohne Adelsbezeichnung werden mit: Herrn/Frau von Münchhausen angeschrieben. Adlige mit Adelsbezeichnung werden wie folgt angeschrieben: Vorname Adelsbezeichnung Familienname: „Mathilde Gräfin von und zu Hohenadel".

Anschriften bei Firmen

Das Wort „Firma" fällt heutzutage weg. Steht die Firma in der ersten Zeile, darf eine andere als die in der zweiten Zeile erwähnte Person das Schreiben öffnen. Steht eine Person vor dem Firmennamen, darf nur diese Person den Brief öffnen.

Anstandsrest

Im Gegensatz zur alten Regel, bei der es Pflicht war, einen kleinen Rest auf dem Teller zu lassen, sehen die modernen Umgangsformen dies nicht mehr vor. Sogar die Dekoration darf mitgegessen werden. Allerdings ist es auch weiterhin tabu, den letzten Soßenrest mit Brot aufzunehmen.

Aperitif

Vor dem Essen trinkt man oft den Aperitif. Er dient dazu, den Gaumen anzuregen. Hierzu wird ein leicht alkoholisches Getränk gereicht. Typische Aperitife sind: Prosecco, Champagner, Cocktails, Sherry oder die antialkoholische Variante „frisch gepresster Orangensaft". Es kann auch ein Bier bestellt werden.

Aschenbecher

Der Aschenbecher ist ausschließlich den Rauchern vorbehalten. Essensreste, Kaugummi oder Olivenkerne gehören nicht hinein.

Ausreden lassen

In Deutschland zählt Ausreden lassen zu den wichtigsten Benimmregeln. Niemand lässt sich gerne ins Wort fallen.

Endlose Monologe können Sie mit Zwischenfragen unterbrechen.

bcc

bcc steht in der E-Mail-Kommunikation für „Blind Carbon Copy". Hier werden Personen eingetragen, die bei einer E-Mail auf Kopie gesetzt werden und für die Empfänger nicht sichtbar sein sollen. Die Benutzung dieses Feldes ist umstritten, da dies als ein „Überwachungsmodul" missverstanden werden könnte. Ein sinnvoller Einsatz der bcc-Zeile bietet sich beim Versand einer E-Mail an viele Empfänger an (z.B. eine Einladung), deren E-Mail-Adressen aber nicht für alle ersichtlich sein sollen. Setzen Sie dazu am besten sich selbst in die An-Zeile und alle Empfänger in das bcc-Feld.

Begrüßung am Tisch

Im Berufsleben gilt heute die Regel, dass alle Sitzenden aufstehen und die Personen begrüßen, die an den Tisch kommen. Auch Frauen stehen auf, um mit ihrem Gegenüber auf gleicher Augenhöhe zu sein. Sie brauchen so bei der Begrüßung nicht zu Ihrem Gegenüber aufzublicken.

Begrüßung

Grundsätzlich grüßt der zuerst, der einen Raum betritt. Dies gilt sowohl im Privatleben als auch im Geschäftsleben. Im Beruf grüßt der Rangniedere den Ranghöheren, wenn sie sich z. B. auf dem Flur treffen.

Besprechungsprotokoll

Im Protokoll werden die Ergebnisse einer Besprechung festgehalten. Es erleichtert die Erfolgskontrolle und kann wichtige Impulse für das nächste Meeting liefern. Es wird nach einer Besprechung geschrieben und an alle Teilnehmer versendet.

Besteckspräche

Mit der Besteckspräche signalisieren Sie dem Kellner, dass Sie fertig gegessen haben. Richtlinie ist die Zeigerstellung einer Uhr. Besteck in Position: 20 nach 4 heißt: ich bin fertig. Position 20 nach 7 hingegen bedeutet: Ich mache eine Pause.

Betreff

Auf den manchmal noch gebräuchlichen Vermerk „Betr.:" wird in der modernen Korrespondenz verzichtet. Dies gilt aber nur für das Wort „Betreff" selbst, eine Betreffzeile über dem Brief sollte immer noch eingefügt und gerade auch bei E-Mails sinnvoll ausgefüllt werden.

Black tie

Dieser Dresscode bedeutet für den Herrn Smoking und für die Dame Abendkleidung.

Blickkontakt

Schon die alten Ritter klappten die Visiere hoch, um zu zeigen, dass sie in friedlicher Absicht kamen. Blickkontakt ist auch heute unverzichtbarer Bestandteil der Kommunikation.

Im Sommer sollten Sie deshalb die Sonnenbrille absetzen, wenn Sie jemanden begrüßen.

Blumenstrauß

Zum Blumenstrauß bei offiziellen Feiern gehört eine Karte mit einem persönlichen Grußtext. Vor der Übergabe entfernt man die Papierverpackung, Klarsichtfolie darf mit übergeben werden. Der eingeladene Herr überreicht der Dame des Hauses den Strauß. Höfliche Gastgeber stellen Schnittblumen sofort in eine Vase.

Bonner Sitzordnung

Neben der gängigen klassischen Sitzordnung, bei der sich Damen und Herren abwechseln gibt es noch die „Bonner Sitzordnung". Die Reihenfolge lautet hier: Dame – Dame, Herr – Herr, Dame – Dame.

Brot

Brot ist die Beilage zur Vorspeise, sollte deshalb frühestens zum ersten Schluck Wein gegessen werden. Es wird in mundgerechte Stücke gebrochen, mit Butter bestrichen und zum Mund geführt. Es wird nicht zum Aufnehmen von Soße benutzt.

Brotteller

Der Teller links vom Gedeck ist der Brotteller.

Büffet

Beim Gang zum Büffet sollte die Menü-Reihenfolge eingehalten werden: Vorspeise, Suppe, Zwischengericht, Hauptspeise, Dessert oder Käse. Mischen Sie nie heiß und kalt, süß und salzig oder Fisch und Fleisch auf dem Teller. Der Teller wird nicht mehrfach benutzt.

Business Casual

Dieser Kleidervermerk bedeutet für Herren: Stoffhose, Sakko und Hemd ohne Krawatte. Für Frauen heißt dies: Rock, Bluse oder Twin-Set, Hosenanzug, aber auf jeden Fall noch stärker geschäftsbetont als die Herren.

Business Etikette

Ausschlaggebend für die geschäftlichen Umgangformen sind – im Gegensatz zu den allgemeinen Umgangsformen – Rangordnung und Position in einem Unternehmen.

Casual Friday

bezieht sich auf den Dress Code innerhalb einer Firma und besagt, dass Damen und Herren an Freitagen im Büro das Outfit lockern können, solange sie keinen Kundenkontakt haben. Eine Stoffhose und Hemd ohne Krawatte für Herren und Hose mit Twin-Set für Frauen ist durchaus angemessen. Turnschuhe und ausgewaschene Jeans haben aber auch an diesem Tag nichts im Büro zu suchen.

cc

cc steht für „Carbon Copy" in der E-Mail-Kommunikation und bedeutet „Durchschlag". In der E-Mail werden die cc-Adressaten nicht direkt angesprochen, sondern nur vom Schreiben in Kenntnis gesetzt.

Cyber Sprache

In der Internet-Sprache übliche Abkürzungen oder Schreibweisen haben in geschäftlichen E-Mails nichts zu suchen. Hierzu gehören z. B. folgende Abkürzungen: thx; fyi; btw; mfG.

Dekoration

Heute entdecken Sie Rosenblätter oder ganze Blüten auf dem Teller. Jede Dekoration auf dem Teller ist essbar und darf mitgegessen werden.

Digestif

Abgerundet wird ein Essen mit einem Digestif. Hierzu zählen hochprozentige Getränke wie Cognac, Whisky, Magenbitter oder Schnäpse. Sie helfen, das Essen zu verdauen.

Diplomatie

Botschafter sind die hochrangigsten Vertreter ihrer Länder im Ausland und werden als Exzellenz angesprochen. Weitere Anreden sind z. B. Herr Botschafter, Herr Konsul oder auch Frau Gesandte.

Distanzen

Im Berufsleben sollten die Distanz von einer Armlänge zum Gegenüber einhalten werden. Der Schreibtisch des Kollegen ist keine Ablage für die eigene Tasche.

Doppelnamen

Menschen mit Doppelnamen haben Anspruch darauf, mit diesem auch angesprochen zu werden. Bei der Vorstellung muss der Doppelname in voller Länge übermittelt werden.

Drehtüren

Drehtüren werden vom Rangniederen so in Position gedreht, dass der Ranghöhere in das Drehtürabteil einsteigen kann.

Dressed for success

Wer seiner fachlichen Qualifikation mehr Ausdruck verleihen möchte, sollte auf sein optisches Erscheinungsbild achten. Auch das Erscheinungsbild der Mitarbeiter prägt das Image einer Firma. Menschen in klassischer Kleidung wirken nachweislich kompetenter.

Duzen

Der Ranghöhere darf entscheiden, wem er wann das Du anbieten möchte. Zu beachten ist hier, dass Sie ein Du abgelehnt werden darf. Für ein Du reicht im Geschäftsleben ein einfacher Handschlag.

Ehrengast

Der Ehrengast sitzt rechts vom Gastgeber. Bei längeren Tafeln kann er auch gegenüber vom Gastgeber positioniert werden."

Einladung

Eine Einladung zu einer Veranstaltung, ob Geschäftsessen oder Firmenjubiläum, enthält immer folgende Punkte: Wer, wann, wohin, zu welcher Veranstaltung und aus welchem Anlass einlädt. Dresscode und Art der Bewirtung erleichtern den Gästen die Vorbereitung. So wie eine Einladung ausgesprochen wurde, wird sie auch angenommen oder abgelehnt. Das heißt, auf eine schriftliche Einladung sollten auch per Brief zu- oder abgesagt werden.

Ellenbogen

Die Ellenbogen haben bei einem Essen nichts auf dem Tisch zu suchen. Die Hände dürfen bis zu den Handknochen auf dem Tisch abgelegt werden. Ellenbogen sollten den Tisch aber nie berühren.

E-Mail

Das schnelle Medium verlangt eine relativ schnelle Beantwortung von Sendungen. Spätestens am zweiten Tag nach Erhalt einer E-Mail sollten Sie antworten zumindest mit einem Zwischenbericht. E-Mails werden wie der herkömmliche Brief nach der deutschen Rechtschreibung gehandhabt. Also nicht ausschließlich in Kleinbuchstaben schreiben, nur um Zeit zu sparen. Eine Gliederung in Absätze macht das Lesen einer E-Mail leichter.

Emoticons :-o ;-) :-)

Im geschäftlichen E-Mail-Verkehr sollten Worte so eindeutig formuliert werden, dass keine Emoticons nötig sind. Die kleinen Symbole drücken in erster Linie Gefühle wie Lachen, Bedauern oder ein Augenzwinkern aus und sind allenfalls im privaten Bereich angebracht.

Erster Eindruck

Fakt ist, dass sich Menschen innerhalb von wenigen Sekunden einen ersten Eindruck von Anderen verschaffen. Er kann an entscheidenden Stellen bestimmend für Ihre Chancen sein.

Etikette

Der Begriff bezeichnet die allgemein gültigen Umgangsformen.

Fahrstuhl

Der Ranghöhere oder Gast betritt den Fahrstuhl zuerst und sollte ihn auch zuerst wieder verlassen. Ist der Fahrstuhl allerdings so klein, dass die Regel „first in, first out" nur erschwert anwendbar ist, lassen Sie die Regel fallen und gehen der Reihe nach aus dem Fahrstuhl.

Farben

Die klassischen Farben im Geschäftsleben sind Blau, Grau und Braun. Schwarz ist durch Branchen wie Design und Mode immer mehr in die Berufswelt vorgedrungen, gilt aber unter klassischen Gesichtspunkten als Farbe eines Anlasses.

Fingerfood

Gerichte, die ohne Bedenken mit den Fingern gegessen werden dürfen, nennt man Fingerfood. Allerdings darf man nur dann mit den Fingern zugreifen, wenn Fingerschalen oder heiße Tücher bereit stehen. Fingergerichte sind: Artischocken, Spareribs, Wachteln, Austern (sofern nicht überbacken), (Mies-)Muscheln, Schalen- und Krustentiere, sofern nicht ausgelöst: Krabben, Garnelen, Langusten, Hummer.

Fingernägel

Sie dürfen gepflegt und in dezenten Farben lackiert sein. Lange rote Krallen gehören nicht ins Büro.

Fingerschälchen

Auch Fingerbowle genannt, ist ein kleines mit Wasser gefülltes Schälchen zum Reinigen der Finger nach dem Essen von Fingerfood (z. B. Meeresfrüchte, Artischocken). Dazu werden oft Zitronenscheiben gereicht. Man faltet sie leicht zusammen und reinigt damit die Finger. Anschließend werden die Finger im Schälchen abgespült und mit der beigelegten Serviette getrocknet.

Frühstücksbrötchen

Das Frühstücksbrötchen wird mit dem Messer aufgeschnitten und nach Geschmack belegt. Die beiden Hälften werden aber nicht wieder zusammen geklappt, sondern getrennt gegessen. Frühstücksbrötchen mit Messer und Gabel zu essen, ist übertrieben.

Frühstücksei

Das Frühstücksei sollte mit dem Eierlöffel aufgeklopft werden. Das Köpfen ist erlaubt, aber schöner ist die Version des Aufklopfens.

Gästekarte

In einigen Restaurants gibt es die so genannte „Gästekarte". Sie enthält keine Preise, so dass sich der Gast ohne Rücksicht auf den Preis das aussuchen kann, worauf er Lust hat.

Gastgeberrolle

Er reserviert den Tisch, stellt eine Tischordnung zusammen, sucht den Wein aus und kostet ihn, bringt einen Toast aus, gibt das Zeichen zum Anfang des Essens, hält eine Tischrede, bezahlt die Rechnung und hilft den Gästen mit der Logistik sicher und heil nach Hause zu kommen.

Gastgeschenke

Als Gastgeschenke bezeichnet man sowohl Geschenke, die Sie als Gast mitbringen, als auch Geschenke, die vom Gastgeber als Erinnerung an die Gäste übergeben werden. Bei der

Auswahl des Geschenks sollte die Beziehung zum Beschenkten, die Position und die persönlichen Interessen berücksichtigt werden.

Geschäftsgäste

Gäste werden vom Empfang abgeholt und zum Besprechungsraum geführt. Einem Gast sollte der Aufenthalt in Ihrem Unternehmen so angenehm wie möglich gestaltet werden. Gäste werden nach Ende einer Besprechung zurück zum Eingang begleitet und dort vom Begleiter verabschiedet.

Gesprächsöffner

Ort, Umfeld und der Anlass, der Sie zur Veranstaltung führt, sind die besten Gesprächsöffner.

Gesprächsthemen

Geburtsort, Sportarten, Kunst, Film und Fernsehen, Literatur, Kultur, Kulinarisches sowie Möbel und Autos gelten als die perfekten Small Talk Themen, um das „kleine Gespräch" zu eröffnen.

Gläser

Sofern sie einen Stiel haben, werden Gläser immer daran gehalten. Auf diese Weise werden gekühlte Getränke wie Weißwein oder Champagner nicht warm, auf dem Glaskelch entstehen keine Fingerspuren und beim Anstoßen im kleinen Kreis entfalten die Gläser ihren vollen Klang.

Grußformel am Telefon

Tagesgruß, Unternehmen, (Abteilung), Vornamen und Nachnamen.

„Guten Appetit!"

Das zu wünschen, ist nicht üblich. Das Zeichen zum Start des Essens gibt der Gastgeber, indem er zum Besteck greift, sobald alle am Tisch das Essen serviert bekommen haben.

Händedruck

Der Händedruck ist der gefühlte erste Eindruck. Ein Händedruck demonstriert Vertrauen und dauert ein bis zwei Sekunden. Die Hand wird gereicht und nicht geschüttelt. Ein Händedruck sollte bestimmt sein – nicht zu lasch, aber auch nicht zu hart.

Handschlag

Der Ranghöhere entscheidet, ob er seinem Gegenüber die Hand reicht. Ein Angestellter sollte also darauf warten, dass ihm nach seiner verbalen Begrüßung, die Hand vom Vorgesetzten entgegengestreckt wird.

Handschuhe

Gibt man im Winter einem Bekannten auf der Straße die Hand, zieht man den echten Handschuh aus. Eine Ausnahme gilt nur, wenn der andere selbst auch Handschuhe trägt. In dem Fall können beide ihre Handschuhe zum Händedruck anbehalten.

Handy-Knigge

Ob man überall und zu jeder Zeit erreichbar sein muss, sollte in einigen Situationen genau überdacht werden. Wann stört man Menschen mit einem Klingeln? Klingeltöne möglichst dezent wählen und das Handy in Besprechungen nur anlassen, wenn man auf einen dringenden Anruf wartet. Unbedingt die Beteiligten von dieser Tatsache unterrichten und das Gerät auf Vibrationsalarm stellen. Übrigens: Seine Nummer verbergen zu lassen, wirkt im Geschäftsleben unseriös.

„Herr Ober!"

Das wird nicht lauthals durch das Lokal gerufen. Eine weibliche Entsprechung für diese Anrede gibt es nicht. Entweder sollte man sich den Namen des Oberkellners merken oder noch besser über Blickkontakt mit ihm Kontakt aufnehmen.

Kaffeelöffel

Er wird nach der Benutzung nicht abgeleckt, nicht einmal, wenn Milchschaum vom italienischen Cappuccino darauf ist, sondern nur auf dem Unterteller abgelegt.

Kaffeetasse

Eine Tasse reicht man zum Nachschenken immer mit dem Unterteller.

Kartoffelknödel

Kartoffelknödel werden mit der Gabel zerteilt und nicht mit dem Messer geschnitten.

Kaugummi

Kauen sieht bei niemandem wirklich ästhetisch aus. Zudem verhindert es eine deutliche Aussprache. Bei festlichen Anlässen ist Kaugummikauen ein absolutes Tabu.

Killerphasen am Telefon

„Wie war der Name?“, „Da haben Sie mich falsch verstanden.“, „Da kann ich Ihnen auch nicht helfen.“, „Worum geht's denn?“, „Wenn ich Sie mal unterbrechen darf.“ – im Telefonat sollten keine Probleme geschaffen, sondern Lösungen angeboten werden.

Kirche

Exzellenz ist die korrekte Anrede für einen katholischen Bischof, sie ist heute etwas veraltet, im offiziellen Schriftverkehr aber immer noch gebräuchlich. Mündlich sprechen Sie einen Bischof mit „Herr Bischof“ und einen Kardinal mit „Herr Kardinal“ an. Andere kirchliche Anreden sind z. B. „Herr Pastor“ oder „Herr Vikar“. In der katholischen Kirche gibt es Priester, in der Evangelischen Pastoren.

Kleidervermerke

Auf Einladungen findet man oft Kleidungsvermerke (Dresscodes). An diese sollte man sich halten, denn der Gastgeber hat die Veranstaltung in einem bestimmten Rahmen geplant. Siehe 'Black tie' und 'White tie'.

Korrespondenz

Jeder schriftliche Kontakt kann „archiviert" werden. Daher ist es besonders wichtig, aus jeder Art von „Postausgang" eine vorzeigbare Visitenkarte des Unternehmens zu machen. Kundenorientierte Korrespondenz sollte kurz, konkret und positiv sein.

„Mahlzeit"

Der Begriff ist eine Abkürzung für „Gesegnete Mahlzeit" und gehört höchstens in die Kantine oder an den Mittagstisch. Auf ein „Mahlzeit" antwortet man am besten mit „Danke". Mahlzeit ist kein Gruß und sollte nicht benutzt werden.

Make-up

Es wird im Geschäftsleben dezent eingesetzt. Am Tisch wird es nicht überprüft oder korrigiert.

Messerbank

In privaten Haushalten ist rechts neben dem Teller eine kleine Messerbank zu finden, auf der während des Essens das Messer abgelegt werden kann (statt auf dem Teller).

Mini-Rock

Der kurze Rock ist zwar prinzipiell erlaubt, allerdings sollte er nicht zu kurz sein und keine Einblicke erlauben. Die perfekte Länge eines Mini-Rocks ist eine Handbreit über dem Knie.

Moderator

Er hat die Aufgabe, den Gesprächsprozess während der Besprechung zu fördern und nicht, ihn inhaltlich zu lösen. Läuft die Zeit in einer Besprechung davon, sollte der Moderator in den Ablauf eingreifen und das zeitintensivste Thema ausklammern sowie ein neues Meeting ansetzen. Zeit und Ort dafür sollten möglichst gleich im Meeting fixiert werden.

Namenschilder

Namenschilder zum Anstecken werden auf der rechten Seite getragen. Der Vorteil gegenüber der üblichen linken Seite liegt darin, dass der Gesprächspartner leichter und unauffälliger auf das Namenschild spicken kann.

Papierservietten

Auch Papierservietten finden (wie Stoffservietten) ihren Platz am Ende des Essens nicht auf dem Teller, sondern links neben dem Teller.

Parfum

Düfte im Beruf sollten nur aus nächster Nähe wahrnehmbar sein, um nicht aufdringlich zu wirken.

Pasta

Pasta wird nicht mit dem Messer geschnitten.

Placement (Sitzplan)

Der Sitzplan einer Sitzordnung wird meist im Bereich des Empfangs, auf jeden Fall aber vor dem Speisesaal aufgehängt. So kann jeder erkennen, an welchem Tisch und neben wem er sitzt. Hat man seine Tischdame auf diesem Plan entdeckt, kennt sie aber nicht, so lässt man sich vom Gastgeber vorstellen.

Platzteller

Er ist oft aus Metall oder unterscheidet sich farblich vom normalen Teller. Vom Platzteller wird nicht gegessen. Auf ihm werden die Teller der jeweiligen Gänge abgestellt.

Professor

Für weibliche Professoren gelten beide Schreibweisen: sowohl Frau Professor als auch Frau Professorin. Bei Titelhäufungen wird in der mündlichen Anrede nur der höchste Titel verwendet. Ein Titel darf erst nach Erlaubnis durch den Inhaber weggelassen werden.

Pünktlichkeit

Mit der Zeit anderer Menschen geht man sehr bewusst und vorsichtig um. Pünktlichkeit ist deshalb eine der obersten Höflichkeitsregeln in Beruf und Privatleben.

Rauchen

Rauchen während des Essens ist nicht gestattet. Die letzte Gelegenheit ist während des Aperitifs und dann erst wieder nach dem Dessert. Es sollte aber immer nachgefragt werden, ob es die Anwesenden stört, wenn geraucht wird. Dies gilt nicht nur für das Essen, sondern auch für alle anderen Situationen.

Rechnung

Die Rechnung sollte der Gastgeber am besten entfernt vom Tisch begleichen. Der Gastgeber entschuldigt sich von seinen Gästen und kann an der Bar die einzelnen Posten der Rechnung prüfen und in aller Ruhe das Trinkgeld ausrechnen und hinzufügen.

Rednerreihenfolge

Man kann die Grußreden mit dem Ranghöchsten beginnen oder aber auch enden lassen, um eine Spannung aufzubauen. Die Reihenfolge der Redner sollte sich an den individuellen Gegebenheiten orientieren.

Reklamationen

Beschwerden werden diskret und mit Würde vorgebracht. Seine Wut sollte man nicht erst nach dem Essen am Keller auslassen, dann kann er den Fehler nicht mehr beheben. Sobald etwas zu beanstanden ist, wird die Servicekraft gerufen, damit sie Ersatz bringen kann.

Repräsentanten des Staates

Diese werden mündlich und schriftlich mit ihrer Amtsbezeichnung angesprochen. Nach Ablauf ihrer Amtszeit wird in der Briefanschrift hinter die Amtsbezeichnung ein „a. D." (außer Dienst) gehängt.

Restaurantwahl

Durch die Wahl des Restaurants sendet man seinem Kunden Signale von Status und Relevanz. Das Restaurant, in das man Gäste ausführt, sollte man persönlich kennen.

Salat

Salat wird nicht geschnitten, sondern gefaltet. Ausnahme: Chicoree.

Schuhe

Schuhe sollten stets gut gepflegt und geputzt sein. Schief getretene Absätze wirken ungepflegt und lassen Rückschlüsse auf den Träger zu.

Selbstvorstellung

Die Selbstvorstellung sollte positiv und sympathisch sein. Man nennt seinen Vor- und Nachnamen, möglichst mit dem Tagesgruß. Titel werden nicht genannt. Auch „Herr" oder „Frau" wird nicht zum Namen ergänzt. Ideal: „Schönen guten Tag, ich bin Vorname Name."

Serviette

Die Serviette findet man meistens auf dem Teller drapiert vor. Sie wird in der Regel gleich, spätestens aber bevor die Vorspeise serviert wird, auf den Schoß gelegt. Verlässt man den Tisch während des Essens, wird die Serviette locker zusammengelegt, links vom Teller platziert. Das gleiche gilt für das Ende des Essens.

Siezen

In Deutschland gilt für die Anrede von fremden Personen im Privatleben wie im Geschäftsleben das Sie. Es gibt heutzutage eine Mischform, die im Geschäftsleben eine gute Alternative zum Duzen ist. Personen werden mit dem Vornamen angesprochen aber trotzdem gesiezt: „Christina, können Sie mir bitte den Ordner geben?"

Signatur

Diese steht unter dem Text einer E-Mail und enthält die Kontaktdaten des Absenders (Name, Firma, Anschrift, Telefon, Fax und E-Mail). Eine Signatur sollte unter eine E-Mail eingefügt werden, damit der Empfänger bei Nachfragen bequem auf die Daten zurückgreifen kann.

Sitzhaltung

Lässiges Zurücklehnen und übergeschlagene Beine sind keine korrekte Sitzhaltung in der Öffentlichkeit. Die beste Sitzhaltung ist mit beiden Beinen auf dem Boden und in einer aufrechten Position.

Sitzordnung

Für eine gute Sitzordnung bedarf es Fingerspitzengefühl und sie kann ausschlaggebend für das Gelingen des Abends sein. Die Sitzordnung ist dafür da, anregende Gespräche zu fördern. Grundsätzlich kann man sagen, je wichtiger der Gast, umso näher sitzt er beim Gastgeber.

Sitzreihen

Bitte mit dem Gesicht zum Sitzenden durch Sitzreihen gehen.

Small Talk

Der perfekte Small Talker stellt offene Fragen, hört aufmerksam zu und sorgt durch die Wahl der Themen für ein angenehmes Gesprächsklima. Gemeinsamkeiten wie Ort, Umfeld und Anlass sind die besten Einstiegsthemen.

Sommelier

Der Sommelier wählt im Restaurant Getränke aller Art aus und beschafft sie. Bier, Spirituosen, Kaffee, Tee, Nonalcoholics und Zigarren gehören gleichermaßen zu seinem Repertoire. Er ist verantwortlich für die Logistik und Lagerhaltung. Der Sommelier spricht Getränkempfehlungen aus. Um den richtigen Wein zu empfehlen, führt er enge Absprache mit dem Koch über die Zutaten und Zubereitungsart der Speisen.

Sommer-Outfit für Frauen

Seidenstrümpfe auch bei 30° C im Schatten sind bei Kundenterminen Pflicht Schuhe, die vorne offen sind, und unbedeckte Schultern, sind nicht für das Büro geeignet. Flip-Flops und Spaghetti-Träger sind im Geschäftsleben ein Flop und bleiben daheim.

Suppe

Sie wird entweder in einem Teller oder einer Suppentasse serviert. Der Suppenteller darf nicht angehoben werden, um den letzten Rest leichter essen zu können. Die Suppentasse dagegen darf ausgetrunken werden, indem die Tasse mit dem letzten heißen Rest mit einer Hand an den Mund geführt wird.

Tabuthemen

Polarisierende Themen wie Religion und Politik haben im Small Talk nichts zu suchen. Weiterhin sind Themen wie Geld, Krankheit und partnerschaftliche oder andere Probleme weniger für einen Small Talk geeignet.

Tattoos

Das offene Zeigen von Tattoos ist in vielen Branchen nicht gerne gesehen. Persönliche Markenzeichen sollten eher verdeckt getragen werden.

Taxi

Der beste Platz im Taxi ist hinten rechts und wird dem Gast/Kunden überlassen. Nimmt man in Begleitung auf dem Beifahrersitz Platz, bedeutet dies, dass man die Rechnung übernehmen wird.

Telefongespräche verbinden

Bei Verbindungen von einem zum anderen Apparat sollte der Anrufer nicht ohne Ankündigung weggedrückt werden. Ein paar Worte über das, was jetzt mit ihm in der Leitung passiert, sind angebracht. Dieses Verfahren gilt sowohl für das Weiterverbinden als auch für die Klärung eines Sachverhalts.

Telefonieren

Wie Sie telefonieren, das ist Ihre akustische Visitenkarte. Um den Spontaneindruck beim Gesprächspartner positiv zu beeinflussen, achten Sie auf folgende Faktoren: klare Stimme, gemäßigtes Sprachtempo, Wortwahl, Freundlichkeit, Verbindlichkeit.

Tischreden

Sind Tischreden vorgesehen, sollte der Gastgeber als erstes nach der Vorspeise seine Rede halten. Wollen andere Personen Tischreden halten, sollte sie dies vorher mit dem Gastgeber oder Veranstalter abstimmen. Tischreden und Toasts werden stets zwischen den Gängen gehalten werden.

Treppen

Der Ranghöhere geht zuerst die Treppe hinauf und hinter dem Rangniederen hinunter (egal, ob der Ranghöhere männlich oder weiblich ist). Im Privatleben gehen Männer hinter den Frauen die Treppe hinauf, um sie bei einem eventuellen Sturz auffangen zu können. Hinunter geht der Mann vor der Frau, um auch hier die Frau bei einem Sturz retten zu können.

Trinkgeld

Trinkgeld macht in deutschen Restaurants 5-10 % des Rechnungsbetrages aus. Besitzer eines Restaurants bekommen kein Trinkgeld. Hier sollte ein Trinkgeld mit dem Kommentar „Für das Personal" verbunden sein.

Türen

Diese werden dem Ranghöheren aufgehalten. Nur ein Ranghöherer kann entscheiden, ob er eine Mitarbeiterin vorgehen lassen möchte.

u.A.w.g.

Diese Abkürzung für „um Antwort wird gebeten" findet man auf Einladungen, sie ist meist mit einem Datum versehen. Spätestens bis zum genannten Datum sollte man dem Einladenden auf dem gleichen Weg, auf dem man die Einladung erhalten hat, zu- oder absagen. Eine einmal gegebene Zusage sollte, außer in Notfällen, nicht zurückgenommen werden.

Ungenießbares

Ungenießbares verlässt den Mund, wie es in ihn hineinkam: Knochen oder Knorpel über die Gabel, die Steine der Kirschen, die man beim Dessert mit der Hand isst, über die Hand.

Vegetarier

Vegetarier sollten sich kurz nach der Einladung zu einem Geschäftsessen als solche beim Einladenden zu erkennen geben. So vermeidet man, dass der Gastgeber in die Situation kommt z. B. ein Steakhaus aufzusuchen oder ein Menü zusammenzustellen, das ein Vegetarier nur ungern isst.

Verabschiedung

Die Verabschiedung geht vom Ranghöheren aus. Wenn Sie Gast sind, verabschieden Sie sich vom Gastgeber. Die Verabschiedung umfasst sowohl das gesprochene Wort „Auf Wiedersehen" als auch den Handschlag zum Abschied.

Visitenkarten

Der Gast überreicht seine Visitenkarte zu Beginn einer Besprechung als erstes. Es gilt als unhöflich eine Visitenkarte entgegenzunehmen und ungelesen wegzustecken. In Gruppen erhält zuerst die oder der Ranghöchste die Visitenkarte. Ist eine Hierarchie nicht erkennbar, verteilen Sie die Visitenkarten der Reihe nach.

Vorstellung

Die wichtigste Person – im Geschäftsleben der Ranghöhere, der Gast oder Kunde – sollte zuerst die Information erhalten, wer wer ist.

White tie

Dieser Dresscode bedeutet für den Herrn Frack und für die Dame ein Ballkleid.

Zahnstocher

Auch wenn es noch so häufig praktiziert wir: Den Zahnstocher darf man nicht am Tisch benutzen. Man zieht sich dafür auf die Toilette zurück.

Zigarre

Vor dem Rauchen, sollte die Banderole entfernt werden. Wegen der starken Geruchsbildung, drückt man eine Zigarre nicht aus. Man lässt sie selbständig im Aschenbecher erlöschen.

Zum Wohl

Grundsätzlich wird nur mit Getränken wie Wein, Sekt oder Champagner angestoßen. Sollten Sie keinen Alkohol trinken, sind Sie nicht vom Anstoßen ausgenommen.

Zuprosten

Das formvollendete Zuprosten ist die Aufgabe des Gastgebers oder des Ranghöheren. Hierzu werden das Glas am Stiel gehoben und alle Gäste angeschaut.

Literaturverzeichnis

Isabel Gränkler und Reinhard Hess, Knigge für Weintrinker, München 2005

Dirk Pfister, Anke Quittschau und Christina Tabernig: Business Knigge für Männer, München, 2005

Anke Quittschau und Christina Tabernig: Business Knigge für Frauen, München, 2005

Martin Suter, Handelsblatt-Ausgabe Nr. 106 vom 02.06.06 BUSINESS CLASS, „Versäumter Anruf"

Stichwortverzeichnis

20-nach-4-Position
20-nach-7-Position

Abkürzungen auf Einladungen 159
Absagen 115
Accessoires 40, 50
Adelstitel 20
akademische Grade 21
Anhänge 134
Anrede, Brief 105
Anrede, mündlich 19
Anschrift 105
Anschriftzeilen, E-Mail 131
Anstoßen 195
Antwortkarte 161
Anzug 42
Anzugfarben 31
Aperitif 179
Aufstehen 14
Austern 206
Auto 75

bcc 132
Besteck 196
Bestellen 176
Betreff, E-Mail 131
Bier 185
Blazer 34
Blumen 162
Brot 203
Buffet 187
Businessfarben 30

Casual Friday 47
cc 132
Clean Desk Policy 72

Digestif 185
DIN 5008 105
Distanzzonen 58
Doppelnamen 22
Dresscodes auf Einladungen 157
Duzen 23

Einstecktuch 53
Emoticons 130

Feedback 69
Fingerfood 212
Fischbesteck 199
Flecken 54
Floskeln 16
Flugzeug 77
Frühstück 211

Gäste im Büro 141
Gastgeber
- Aufgaben 163, 176
- Frau als 172
Gastgeschenke 161
Geburtstag 119
Gedeck 192
Geflügel 207
Gegenvorstellung 17
Geldbörse 51
Geschäftsessen 165
Gesprächspartner finden 83
Gläser 194
Gourmetlöffel
Gräten 214
Gruppe 17

Händedruck 11
Handy-Etikette 103

Hemden 43
Hummer 207

Kaffee 219
Käse 208
Kaviar 208
Killerphrasen 95
Knöpfregeln 36
Komplimente 70
Kondolenzbriefe 123
Körpergeräusche 64
Körpergeruch 29
Körperhaltung 59
Krabben 208
Krawatten 43
Krebse 209

Mahnungen 117
Manschettenknöpfe 53
Mantel 66
Meetingraum 143
Messe-Fauxpas 151
Mimik 59
Mobiltelefon 51, 144
Muscheln 209

Namen 19
Netikette 129
Nylons 39

Pastete 210
PS 114

Rauchen 219
Rechnung, Restaurant 176, 216
Reden bei Tisch 186
Restaurant 170
Rocklänge 37

Sakko 34, 146
Salat 205
Schuhe 39, 47
Selbstvorstellung 15
Serviette 190
Signale 7
Signatur 134
Sitzordnung 166
Small Talk im Ausland 91
Small-Talk-Themen 85
Socken 48
Spaghetti 210
Spargel 210
Suppentassen und -teller 204

Tabuthemen 87
Tasche 52
Tatoos 50
Telefonmeldung 98
Tischanordnung 168
Treppen 63
Trinkgeld 216
Türen aufhalten 62

Unpünktlichkeit 67
Unterschrift 113

vertrauliche Daten 74
Visitenkarten 147

Weihnachts- und Neujahrsgrüße 120
Wein 181

Zahnstocher 215
Zitrone 210
Zusagen 116

Bibliografische Information der Deutschen Bibliothek
Die Deutsche Bibliothek verzeichnet diese Publikation in der Deutschen Nationalbibliografie; detaillierte bibliografische Daten sind im Internet über http://dnb.ddb.de abrufbar.

ISBN 978-3-448-07984-5
Bestell-Nr. 00937-0001

Postanschrift: Postfach, 82142 Planegg
Hausanschrift: Fraunhoferstraße 5, 82152 Planegg
Fon (0 89) 8 95 17-0, Fax (0 89) 8 95 17-2 50
E-Mail: online@haufe.de
Internet: www.haufe.de
Redaktion: Jürgen Fischer
Redaktionsassistenz: Christine Rüber

Gesamtbetreuung: Sylvia Rein, 81379 München
Lektorat: Anastasia Simopoulos, 81547 München; Sylvia Rein, 81379 München
Umschlaggestaltung: Kienle gestaltet, 70182 Stuttgart
Umschlagentwurf: Agentur Buttgereit & Heidenreich, 45721 Haltern am See
Druck: freiburger graphische betriebe, 79108 Freiburg

Die Autorinnen

Anke Quittschau und Christina Tabernig

sind Gründer und Inhaber der Agentur korrekt!, die Einzel-Coachings und Seminare zum Thema „Business-Etikette" zum Schwerpunkt hat. Christina Tabernig wuchs in internationalem adligem Familienumfeld auf, studierte BWL und arbeitete viele Jahre bei Unternehmen wie McKinsey, Commerce One und anderen Unternehmen der IT-Industrie. Anke Quittschau war nach dem BWL-Studium seit 1991 in verschiedenen Marketing- und Vertriebsfunktionen großer Konzerne der Automobil- und Versicherungswirtschaft tätig.

Mehr über die Autorinnen unter www.korrekt.de.

Weitere Literatur

„Business-Knigge für Frauen. Sicher auftreten im Beruf", von Anke Quittschau und Christina Tabernig, 216 Seiten, 19,80 €, ISBN 978-3-448-06558-9, Bestell-Nr. 00251-0001

„Business-Knigge für Männer. Mehr Erfolg durch gute Manieren", von Dirk Pfister, Anke Quittschau und Christina Tabernig, 216 Seiten, 19,80 €, ISBN 978-3-448-06557-2, Bestell-Nr. 00252-0001

„Der feminine Stil. Businessmode für Frauen", von Silke Frink. 208 Seiten, € 19,80 Haufe, ISBN 978-3-448-08609-6, Bestell-Nr. 00184-0001

TaschenGuides – Qualität entscheidet

Bereits erschienen:

Der Betrieb in Zahlen

- 400 € Mini-Jobs
- Balanced Scorecard
- Betriebswirtschaftliche Formelsammlung
- Bilanzen lesen
- Buchführung
- Businessplan
- BWL Grundwissen
- BWL Kompakt – die 100 wichtigsten Fakten
- Controllinginstrumente
- Deckungsbeitragsrechnung
- Einnahmen-Überschussrechnung
- Finanz- und Liquiditätsplanung
- Die GmbH
- IFRS
- Kaufmännisches Rechnen
- Kennzahlen
- Kleines Lexikon Rechnungswesen
- Kontieren und buchen
- Kostenrechnung
- Kleine mathematische Formelsammlung
- VWL Grundwissen

Mitarbeiter führen

- Besprechungen
- Führungstechniken
- Die häufigsten Managementfehler
- Management
- Managementbegriffe
- Mitarbeitergespräche
- Moderation
- Motivation
- Projektmanagement
- Spiele für Workshops und Seminare
- Teams führen

Karriere

- Assessment Center
- Existenzgründung
- Ich-AG – mit Gründerzuschuss selbstständig
- Jobsuche und Bewerbung
- Vorstellungsgespräche

Geld und Specials

- Die neue Rechtschreibung
- Eher in Rente
- Energieausweis
- IGeL – Medizinische Zusatzleistungen
- Immobilien erwerben
- Immobilienfinanzierung
- Sichere Altersvorsorge
- Geldanlage von A-Z
- Web 2.0
- Zitate für Beruf und Karriere
- Zitate für besondere Anlässe

Persönliche Fähigkeiten

- Allgemeinwissen Schnelltest
- Ihre Ausstrahlung
- Business-Knigge – die 100 wichtigsten Benimmregeln
- Mit Druck richtig umgehen
- Emotionale Intelligenz
- Entscheidungen treffen
- Fitness für Beruf und Karriere
- Gedächtnistraining
- Glück!
- IQ-Tests
- Knigge für Beruf und Karriere
- Knigge fürs Ausland
- Kreativitätstechniken
- Manipulationstechniken
- Mind Mapping
- NLP
- Persönliche Situationen meistern
- Schneller lesen
- Selbstmanagement
- Sich durchsetzen
- Soft Skills
- Stress ade
- Verhandeln
- Yoga für Beruf und privat
- Zeitmanagement